产品设计
程序与方法

高等院校艺术学门类
"十四五"规划教材·应用型系列

- 主　编　吴定丙　朱　文　杨小静　胡占梅
- 副主编　江保锋　潘秋妍　钱　涛　汪海波　陈　旺
- 参　编　朱妍佳　彭　帆　佘　颖　陈培宁　刘　颖
　　　　　张天成　冯　鹤　康　英　南海涛　邓艺梅
　　　　　王旸　娄　明　范一鹏　李　阳　刘哲军
　　　　　王　萍　朱米娜　汪炳森

U0172133

A R T　D E S I G N

华中科技大学出版社
http://www.hustp.com
中国·武汉

图书在版编目(CIP)数据

产品设计程序与方法/吴定丙等主编.—武汉：华中科技大学出版社，2022.6
ISBN 978-7-5680-8259-4

Ⅰ.①产… Ⅱ.①吴… Ⅲ.①产品设计-教材 Ⅳ.①TB472

中国版本图书馆 CIP 数据核字(2022)第 086435 号

产品设计程序与方法   吴定丙　朱　文　杨小静　胡占梅　主编
Chanpin Sheji Chengxu yu Fangfa

策划编辑：江　畅

责任编辑：狄宝珠

封面设计：优　优

责任监印：朱　玢

出版发行：华中科技大学出版社(中国·武汉)   电话：(027)81321913
             武汉市东湖新技术开发区华工科技园   邮编：430223

录　　排：武汉创易图文工作室

印　　刷：湖北新华印务有限公司

开　　本：880 mm×1230 mm　1/16

印　　张：10

字　　数：324 千字

版　　次：2022 年 6 月第 1 版第 1 次印刷

定　　价：59.00 元

华中出版

本书若有印装质量问题，请向出版社营销中心调换

全国免费服务热线：400-6679-118　竭诚为您服务

版权所有　侵权必究

前言
Preface

近年来,产品设计遇到了前所未有的挑战,因而产品设计教学改革也迫在眉睫。本书结合最新的产品概念开发流程和创新方法,从产品造型设计概论、产品造型设计程序与方法、产品造型形态设计、产品造型设计与符号学、产品人机工程设计、产品造型设计案例等多个方面来阐述产品设计的专业技能要点与思维要求,使读者掌握产品设计的工作程序与方法。本书所介绍的产品设计程序与方法是高职、职教本科和本科等多层次院校的产品设计专业教师的教学经验总结,适用于广大设计师。无论你是刚刚了解产品设计的新人,还是在职场摸爬滚打多年的职业产品设计师,本书都可以用作辅助掌握产品设计及相关专业所需的技能参考工具书。

本书由芜湖职业技术学院吴定丙、安徽商贸职业技术学院朱文、广东农工商职业技术学院杨小静和陕西国际商贸学院胡占梅担任主编。参与本书汇编的人员有芜湖职业技术学院艺术传媒学院"产品设计程序与方法"研究团队的成员:吴定丙、江保锋、潘秋妍、彭帆、朱妍佳、佘颖和陈培宁,还有安徽商贸职业技术学院艺术设计学院的朱文和李阳,广东农工商职业技术学院的杨小静,陕西国际商贸学院的胡占梅,马鞍山职业技术学院的刘颖,铜陵职业技术学院的刘哲军和王萍,安徽机电职业技术学院艺术设计学院的陈旺、朱米娜和张天成,厦门城市职业学院的汪炳森,安徽工业大学艺术与设计学院的汪海波和娄明,安徽工程大学艺术学院的钱涛、康英和南海涛,安徽师范大学美术学院的邓艺梅和王旸,池州学院的冯鹤和蚌埠学院的范一鹏。

本书为 2017 年度芜湖职业技术学院"教学质量与教学改革工程"产品艺术设计特色专业项目(wzyzlgc2017021)成果;2019 年度芜湖职业技术学院人文社科及自然科学研究重点项目(Wzyrwzd201908);2020 省级质量工程重点项目(2020jyxm2174)阶段成果。

因编者对产品设计的理解水平有限,书中肯定存在许多不妥之处,希望广大读者予以批评指正。

吴定丙

于安徽芜湖

目录
Contents

Chanpin Sheji Chengxu yu Fangfa

第1章
产品造型设计概论

随着社会物质的丰富和消费能力的提高,人们的消费需求日趋个性化、情绪化和感性化。产品发展到现在,不能够再单纯地看作是一种物质形态,而应当看作是人与人交流的媒介。因此,产品设计中所包含的"主观的""情感的"和"心理的"因素,越来越成为产品设计是否成功的重要参数。产品造型是产品设计的最后结果,不论它是运用何种方式所产生的,其最终的功能都是成为设计者与用户沟通的桥梁。设计师运用不同的创作手法加诸产品之上,以造型来告知用户其创作理念,用户对于一件产品的第一眼印象就是来自产品的造型。造型的设计不应再只是设计师的黑箱作业,闭门造车。在造型方法学上,产品造型往往是依照一定的步骤逐步产生的。

"造型"一词在英文中找不到合适的原文,但可见于德文的 gestaltung,它是一个名词,其动词是 gestallen,它的字源是意味着完形(完全形态)的 gestah,亦即完形心理学上探讨的完形。造型与形态不同,形态不过是造型的第一要素,形态包括几何形态与有机形态,它需加上色彩、质感、动态、空间等要素,才成为造型。这里所提的"质感"是由感官接触材质所产生,而材质较能代表元素的意义,故以之替代。归纳以上论述,造型包含:形态、色彩、材质、动态、空间五项要素。其中形态、色彩、材质为物质性要素,空间、动态为非物质性要素。

产品造型主要是以工业产品为表现对象,在满足其工业品属性的前提下,用艺术表现手段创造出实用、美观、经济的产品,如家用电器、交通工具、机械设备等。这些造型物除了要保证产品物质功能的实现外,还要关心产品与人相关的一切方面,充分考虑人的因素,使产品能适应和满足人的生理、心理要求。因此,从现代设计的观点看,产品造型必须满足实用要求的物质功能和审美要求的精神功能两方面的需求,最终是以产品的市场竞争力和人机系统使用效能来衡量的。

造型设计起初的意义为:"从寻找问题答案的方向去思考、发明",因此它是一个满足人类需求的创意决策过程。从设计实务的角度出发,产品造型设计是指从明确产品设计任务起,到确定产品整机结构的一系列工作过程;产品造型设计的核心是产品策划、设计、开发。从设计文化的角度出发,产品造型设计指的是一种计划、规划设想、问题解决的方法,通过具体的载体——美好的形态表达出来的活动过程。从设计创意的角度出发,产品造型设计是发挥创意和快速、方便的造型活动。

产品造型设计是产品开发过程中最重要的环节之一,是制造业的灵魂。产品的功能、结构、质量、成本、可制造性、可维修性、报废后的处理以及人—机—环境关系等,这些原则上都是在产品的设计阶段所确定的。据统计,产品生命周期成本的 $80\% \sim 90\%$ 是由设计阶段最早的 $10\% \sim 20\%$ 环节决定的。因此,产品造型设计的能力已成为决定企业乃至国家在全球化竞争中地位的首要因素。产品造型设计是科学技术和文化艺术相结合的一门交叉学科,它综合了科技、文化艺术与经济的成果,涉及美学、人机工程学、生态学、市场学、创造学、技术学等学科领域。现代社会的进步、科技的飞速发展,为产品造型设计带来了新的技术与思想。充分吸收现代先进制造技术、计算机及网络技术等的最新研究成果是改进设计手段与思想的行之有效的方法,是适应现代社会发展的有力途径。

1.1
产品造型设计与技术

作为一种新的产品设计观念和方法论,产品造型设计探讨如何应用各种先进技术,达到产品的科学与艺术的高度统一。在现代工业产品的开发和更新换代中,寻求实现"人—机—环境"的和谐统一。具体地说,它研究如何应用造型美学法则,处理特定条件下各种产品结构和功能、造型、材料,产品与人、环境、市场等的关系,开发出在视觉上具有时代美感的现代工业产品,以满足社会生产和人们物质文明、精神文明的需要。因此,产品造型设计是一门横跨工程技术、人机工程、价值工程、形态美学、消费者心理等学科的综合性学科。

1.2
产品造型设计的要素

1. 产品造型设计的三个基本要素及相互关系

工业产品作为一个客观存在,都包含着物质功能、产品造型艺术和物质技术条件三个基本要素。物质功能就是产品的用途和使用价值,是产品赖以生存的根本所在。物质功能对产品的结构和造型起着主导的决定性的作用。物质技术条件是工业产品得以成为现实的物质基础,它包括材料和制造技术手段,并随着科学技术和工艺水平的不断发展而提高和完善。工业产品的造型艺术是利用产品物质技术条件,对产品的物质功能进行特定的艺术表现。工业产品造型的艺术性是为了增强企业产品的市场竞争力,提升产品的品牌形象,满足人们对产品的视觉愉悦要求。产品的精神功能由产品的艺术造型予以体现。

产品的三要素同时存在于一件产品中,它们之间有着相互依存、相互制约和相互渗透的关系。物质功能要依赖于物质技术条件的保证才能得以实现。而物质技术条件不但要按照物质功能所确定的方向才能发挥,而且还要受到它本身的合理性和产品的经济性的制约,为产品功能和造型艺术服务。产品功能和物质技术条件往往是在具体的产品中完全融合为一体的。而艺术造型,尽管存在着少量的、以装饰为目的的内容,但在实质上,往往受物质功能的制约。因为物质功能直接决定了产品的基本构造,而产品的基本构造既给造型的艺术性提供了发挥的可能性,同时也对造型的变化进行了一定的约束。至于物质技术条件,则更是与产品造型形式美相关;材料本身的质感、加工工艺水平的高低都直接地影响造型的形式美。因此,尽管造型艺术性受到物质功能和物质技术条件的制约,设计者仍然可以在同样功能和同等的物质技术水平的条件下,以不同的结构方式或造型手段,创造出变化多样的产品外观式样。如果功能结构对造型产生过分的不利影响,则结构也有必要因造型的需要,而在不影响功能的前提下做合理的改变。所以,功能和形式美感必须紧密地结合在一起。在任何一件工业产品上,既要体现出时代的科学成果,又要体现出强烈的时代美感。以科学的物质功能编织成艺术美的外貌,又以现代的艺术形象凝聚科学美的个性,这是我们产品造型活动的最终目的。

2. 工业产品的内容与形式

与任何形态一样,一件工业产品,包括内容与形式两个方面。工业产品的内容,就是产品所具有的物质功能和使用功能。产品的形态、色彩、材质等造型要素所共同构成的产品造型,就是产品的表现形式。形式在人们的心理中产生的不同感受,就是产品造型的精神功能。

产品造型设计中,产品形式与内容的关系,与一切人为形态的创造原则一样:形式服从内容,形式为内容服务。产品的物质功能是产品造型的目的。不注意创造产品的物质功能,产品造型设计就失去了任

何意义。因此,产品造型中的精神功能的创造,必须服从产品的物质功能,有助于人们对产品物质功能的理解。任何违背"功能决定形式,形式为功能服务"的造型设计思想都有可能导致造型的纯形式主义或纯功能主义。

"功能决定形式",即产品造型应首先保证产品物质功能最大限度地、顺利地发挥。任何影响和阻碍产品物质功能的发挥,片面追求造型的形式美,是纯形式主义的表现。"功能决定形式",并不意味着取消形式的作用,使这个原则走向另一个极端——纯功能主义。产品造型形式对物质功能的影响是显而易见的。各种设备造型的尺度比例、色调、材质、线型等,如能使操作者产生良好的工作情绪,操作方便、舒适,降低工作中的差错率与人在体力、精神上的疲劳程度,因而提高了工作效率。对于家具、器皿等日用品来说,造型甚至还可以决定这些产品的物质功能。

"形式为功能服务",不仅说明了形式既不是产品无足轻重的外套,只能消极地适应功能提出的要求,也不是可以凌驾于功能之上,让功能服从形式。而且它还表明:形式能与功能取得和谐的关系,能使使用者加深对产品功能的理解、增加对产品的信赖感,并能使使用者在工作的同时得到美的享受。

"功能决定形式,形式为功能服务"这一原则并不意味着:凡功能相同的产品,都要具备相同的形式。相反,它要求:在某一段时间内,即使功能不变,同类产品的造型也应该随着时间的推移而产生新的变化,以适应人们不断发展的审美需要;就是处于同一时期内相同功能的产品,同样也可以具有不同的造型,以适应不同对象的审美需要。任何一种工业产品,不存在既定的造型模式。因此,不能让习惯思维约束产品的造型形式。只有破除各种习惯概念,才能创造出多种新颖的、具有强烈时代感的产品。

1.3
产品造型设计的原则

"实用""经济""美观"是工业产品造型设计的基本原则。

1. 实用性原则

"实用",即产品必须具备使用功能,这是产品造型设计的目的。实用性即产品具备先进和完善的各种功能,并能够保证产品物质功能得到最大限度的发挥。一般地说,不同功能的产品,其结构造型设计也不可能一样。产品用途决定产品的物质功能,产品物质功能决定产品的形态。因此,产品的形态设计必须服从于产品的物质功能。产品的功能设计应该体现功能的科学性和先进性、操作的合理性和使用的可靠性等,具体包括如下几个方面。

1)适当的功能范围

现代工业产品的发展方向是向多功能、综合化发展。但功能范围的过大往往会带来结构上的复杂、设计上的困难,实际利用效率低,成本高等问题。因此,产品的功能应根据需要来确定。比如数码相机,由于每个人的使用目的的不同,选用的规格、大小、价位也就不同。与笔记本电脑配合使用的数码相机,为了便于携带,往往选用体量较小的机器;需要用作印刷的图片,一般选用分辨率较高的相机。同样,个人电脑的配置也是如此。仅仅用于做一些文字处理工作,配置较低的电脑就可以使用了;但如果要做一些图形图像处理工作,那就需要配置性能较高的电脑。从目前大多数配备电脑的消费者配置的电脑情况来看,电脑里的许多功能并没有得到充分的利用。

2）优良的工作性能

工作性能，通常指产品的机械性能、物理性能、电气性能、化学性能以及体现它的准确、稳定、牢固、耐久、高速、安全等各个方面所能达到的程度。由于它们直接体现了产品的内部质量，因此为人们所重视。产品的造型必须使外观与其工作性能相协调，使其外观给人精致的感觉。

3）科学的使用功能

产品的功能只有通过人的使用才能体现出来。随着科学技术的发展，高速、精密、准确、可靠的操作要求，给操作者造成了前所未有的精神和体力负担，这就要求设计师必须考虑产品形态对人的生理、心理影响。因此，科学的使用功能，应该包括人—机高度协调的人机操作系统，使操作者舒适、安全、省力、高效地使用产品。产品的几何尺度必须符合人体的各部分生理特点，才能获得人机系统的最佳效果。

2. 经济性原则

经济性原则是指产品造型的生产成本低、价格便宜，有利于批量生产，有利于降低材料消耗和节约能源、提高效率，有利于产品的包装、运输、仓储、销售、维修等方面。

在生产批量确定的情况下，产品外观生产的工艺选择、材料选择对于成本有着极大的影响，从而影响着产品造型的经济性。一般来说，批量少的产品的外观造型，宜采用金属板材，平面造型；而批量大的产品，由于可以用模具进行加工，外观能够设计成曲面造型，外观所选用的材料也较宽泛。

经济与实用是有机地联系在一起的。实用不经济，不具有市场竞争力，经济不实用，同样也不能很好地发挥产品的物质功能，也就不能充分发挥产品的整体效能。

3. 美观性原则

什么是美，古今中外，学派众多，众说纷纭。至今还是一个尚无定论而有待探讨的问题。美作为人类创造物质文明的过程中的产物，经过人们从理论上加以概括、提炼，形成了一定的审美标准，它反过来作用于实践，对创造物质文明起着指导作用。

产品造型设计的美观性原则是指产品的造型美，是产品造型的精神功能所在，美观是经济实用的补充。只有经济实用，而不美观，就不是完美的造型。产品的造型美是产品整体的综合美，主要包括产品的形式美、结构美、工艺美、材质美以及产品体现出来的强烈的时代感和浓郁的民族风格等。

造型美与形式美不同。形式美指的是形式，而造型美不仅包括形式美，而且把形式美的感觉因素、心理因素建立在功能、构造、材料及其加工、生产技术等物质基础上。因此，造型美学法则是包括形式美学法则在内，综合各种美感因素的美学原则，也是适应现代工业和科学技术的美学原则。人们常常把产品造型设计片面地理解为装潢设计，是由于混淆了对这两个概念的理解。

美是一个综合、流动、相对的概念，因此产品的造型美也就没有统一、绝对的标准。

（1）形式美。形式美是造型美的重要组成部分，是产品视觉形态美的外在属性，是外观美。

（2）材质美。材质不同，会产生不同的心理感受。

（3）时代性。审美情趣随着时代的发展在不断地变化，造型设计师需要不断地从本质上和形式上感受时代的变迁，运用形态、色彩、材质表现人们内心的期盼。

（4）社会性。不同性别、年龄、职业、文化、地域、民族等方面的人们的审美观念是不尽相同的。因此，必须区分各种人群的需要与爱好。

（5）民族风格。独特的地理气候环境造就了各民族独特的政治、经济、文化、宗教以及人们的思维方式并通过艺术形式表现出来。产品造型设计不能孤立地存在，必然受到民族风格的影响。比如德国的理性、日本的小巧、美国的豪华、法国的浪漫、英国的矜持和保守，无不体现在其各自的产品造型设计中。

总之,"实用""经济""美观"三者是密切相关的,但又有主次之分,实用是首位的,美观处于从属地位,经济是前两者的约束条件。在提高产品的实用功能时,不能忘记产品的经济效果和社会效果。将三者有机地结合起来,使三者得到高度的协调一致,反映出产品的整体美。但是,三者也不是绝对等量关系,常常因产品的功能性质、使用情况及市场销售等不同的特点而有所侧重,往往会突出某个原则。恰当地处理好三者关系,才能取得最佳效果,否则会丧失时机。因此,要掌握并运用好产品造型设计的三原则,须具备市场学、管理学、生产制造工艺、价值工程、产品造型基础等多方面的专业知识,只有这样才能创造出满足市场需求的产品。

1.4
产品造型设计在现代社会中的地位

社会与科学技术的发展,体现为人们物质文明和精神文明的进步。科学技术与艺术结合而产生的工业造型设计,将给人们活动所需要的现代工业产品,具备更为广泛、更为深刻的科学性和更高的艺术性提供可能。它将随着社会文明的不断提高,逐渐渗透到人类活动的每一个角落。首先,现代社会的人们,更追求人与环境的协调关系,在生活和工作中追求更高的效率。

人使用产品,就构成了"人－机"系统。无论是工作还是生活,我们总希望整个系统能达到最高的效率。但系统的总效率与产品的效率、人的操作效率及人机间的配合效率有关。

1. 产品的效率

产品的效率取决于产品物质功能的设计即取决于产品的工程技术设计。人的操作效率主要取决于人们操作的熟练程度和工作情绪。熟练程度可以通过训练的方法得到提高,但提高的程度是有限的,因为它受到人生理条件的限制。工作情绪完全受操作者的精神状态所支配。精神饱满、振作、心情舒畅、精力集中,操作效率就高;反之,效率就低。因此,人的精神状态是提高效率的一个重要方面。

2. 人的操作效率

人的精神状态主要受环境的影响。产品作为操作空间环境中的一个主要组成部分,其造型的形式直接影响人的精神,如愉悦或忧郁,精力的集中或分散,条理或杂乱等。这些不同的精神状态自然影响对操作效率起决定作用的工作情绪。

3. 人机间的配合效率

人机间的配合效率取决于产品使用功能的设计。人与产品之间配合关系的协调程度越高,说明产品的使用功能越强。产品造型要保证产品具有最大程度的宜人性。

因此,必须重视人的生理结构特征的分析和研究。产品中,凡是与人的操作(包括视觉观察和四肢动作)发生关系的每一部分,都要在充分考虑人生理特点的基础上,进行科学的设计。

上述的三个效率,除了产品的效率由工程技术设计予以保证外,其余两个效率,都与产品的造型设计密切相关。

由于产品的造型设计对于人机系统的总效率影响很大,因而产品造型所决定的产品使用功能和精神功能也就成了现代工业产品质量的重要组成部分。

把产品造型设计产生的产品使用功能与精神功能,纳入现代工业产品的质量概念,使我们从以前的"产品的质量取决于产品的物质功能"这一传统观念中解放出来,可以更全面地理解产品质量的含义。另外,现代社会更注重能源与材料的经济利用,工业设计这门新兴学科,将给产品设计提供经济地利用能源与材料的最佳造型方案。

由于生产与生活发展所引起的能源和材料的短缺已成为世界性的问题,科学技术高度发展的现代社会,必然要寻求生产和生活中能源和材料充分利用的最科学的方法和产品,而抛弃了工业化建设时期工程技术和美术工艺形成的"双重式"的产品时间方式,综合功能、结构、材料、工艺、美学、人机工程学、经济、市场等学科的知识,全面地考虑产品的物质功能、使用功能和精神功能的现代产品的设计理论——产品的工业造型设计可以使人们大大地节约产品制造所需要的能源和材料。

科学、艺术的发展,导致产生了工业设计这一门崭新的学科,使得产品的设计进入现代设计阶段。产品的小型化、多功能、简化不必要的产品装饰、用低档轻盈的材料代替贵重的金属材料、绿色设计、可持续发展等,不仅体现出现代工业设计珍惜资源的重要特点,而且也反映了科学和技术的进步。现代社会更注重产品使用者的利益和对产品的审美要求,以及产品对社会发展的可持续的影响。

在现代社会中,人们对审美提出了更高的要求。这种要求不仅体现在艺术作品的欣赏上,也体现在构成环境的工业产品的审美上。产品造型设计把使用者在审美上的需求,尽可能反映在产品的设计上,使产品不仅具有使用价值的物质功能,而且还具备可供欣赏的审美价值。产品造型设计,在一定程度上代表了一个国家在科学技术、文化艺术上的成就。它不仅可以决定一个产品的质量等级和市场地位,同时也是一个涉及民族素质的大问题。

一件工业产品的造型是基于功能的总体布局、电气、结构、金属工艺等与造型设计之间创造性劳动的结合。它需要多工种、各种工艺的共同协作,通过多种造型手法,理想地表达其艺术形象,归结为一个完美的外观造型。因此,影响造型的因素是很多的,只有调动一切造型手段,才能创造出较为完美的产品形象。

1.5
产品造型设计的影响因素

1. 体量

产品的物质功能是形成产品体量大小的根本依据。体量分布与组合的结果,将派生出多种形体,形成不同方案,并构成不同的造型。因此,在造型上,体量的分布和组合会直接影响产品的基本形状和风格,是造型设计的关键。

结构对称的产品,多为对称的造型。对称的形状如同对称的平面图形一样,具有端正、庄重、稳固的性格。在进行产品立面设计时要有变化的因素,以求得在整个形体对称结构的前提下,产生变化、丰富、活跃生动的美。

结构不对称的产品,在进行体量的组合时,首先要考虑符合实际均衡的要求,以保证造型的稳定。重心较高、重量较大的产品要求工作、运输、移动时有相对的稳定性。

体量的组合要避免单调和杂乱,大体积的单调组合和小体积多体量的杂乱拼凑都不符合形式美的要求。必须力求用最紧凑的空间、简洁而又有个性的形体来表达产品的功能与结构的特征。在进行具体的设

计时,要注意体量大小的对比,虚实的对比,韵律、主从的安排,使之既有主次、有对比,又不失统一和协调。

2. 形态

构成产品外观的线、面、体等形态要素具有各种不同的形状。如方圆、扁厚、高低、宽窄、粗细、几何形与非几何形等。形态的变化与统一,就是将造型物繁复的变化转化为高度的统一,形成简洁的外观。获得形态的统一感有两个主要方法:一是将所有次要部分去陪衬某一主要部分;二是同一产品的各组成部分在形状和细节上保持相互协调。

3. 线型

造型物的线型包括视向线和实在线两大类。

(1)视向线是指造型物的轮廓线。由于观察造型物的视线方向不是固定不变的,因而造型物的轮廓线随着视线方向的变化而不同。因此,用视向线来称呼随着观察角度不同而变化的轮廓线较为合理。

(2)实在线是指装饰线、分割线、亮线、压条线等。这些都是客观存在的线。

线型是产品造型艺术中一种富有表现力的艺术表现手段。线型设计直接影响造型物的质量及外观的艺术效果。因此,无论是建筑物还是各种工业产品都很重视线型的处理。

4. 方向与空间

造型设计中,常常采用方向的对比或空间的安排,以丰富产品的外观形象。方向与空间的安排,同样必须建立在对产品功能的正确理解与对材料、结构的确切表达的基础上。

(1)方向是指形体形状的方向,即水平与垂直、陡与缓、同向与反向、敞开与紧闭、动与静等。

(2)空间是指前与后、上与下、左与右、浅近与深远、平坦与凹凸、虚与实等。由于人们会进行各种联想,对上述情况常常有明显不同的感受,因而空间和方向对于产品造型的艺术表现力也起着重要的作用。

立体造型物的方向性在高速交通工具设计中尤其重要。这首先是因为立体的形态结构必须符合空气动力学的理论,使物体在高速运行时产生最小的阻力,这就要求形体与前进方向一致且使形体呈流线型;其次是由于生活实践、理论和感觉上的习惯影响,视觉中对于那些形体方向和前进方向相一致的物体,会感到一种自然的前驱感,因而这样的形体结构满足了视觉与心理的需要。而对于那些把形体方向与前进方向在造型中使之处于不统一、甚至矛盾地位的运动物体,人们会自然地感到不舒服、不协调,甚至感到莫名其妙。

5. 色彩

产品的色彩设计,总的要求必须与产品的物质功能、使用场所等各种因素统一起来,在人们的心理中产生统一、协调的感觉。

显现功能是色彩设计的首要任务,如调和使人宁静,对比使人兴奋,明度高使人疲劳,明度低使人沉闷等。对于一些无法以准确的色彩来意象功能的工业产品则可用黑、白、灰等含蓄的中性色。黑、白是无彩色,称为极色,具有与任何色都能协调的性质,因此具有精与俏的美称,而灰色是黑、白的综合,是典型的归纳色。

6. 材质

产品造型是由材料、结构、工艺等物质技术条件构成的。在造型处理上,一定要体现构成产品的材料本身所特有的美学因素,体现材料运用的科学性,发挥材料或涂料的处理、光泽、色彩、触感等方面的艺术表现力,求得外观造型中形、色、质的完美统一。

在造型过程中,能否合理地运用材料、充分发挥材料的质地美,不仅是现代工业生产中工艺水平高低的体现,而且也是现代审美观念的反映;人们不必把过多时间花费在产品的精雕细刻上,以致使产品体现出各种虚假的装饰,而是要让材质的特征和产品功能产生恰如其分的统一美和单纯美。

质感指的是物质表面的质地,即粗糙还是光滑,粗犷还是精细,坚硬还是柔软,交错还是条理,下沉还是漂浮,金属还是非金属等。此外还体现出不同材料的材质特性。材料质感的表现往往与色彩运用互相依存。如本来从心理上认为沉闷、阴暗的黑色,如将其表面处理成皮革纹理,则给人以庄重、亲切感。黑丝绒织物由于其质感厚实和强烈的反光,则显得高雅和庄重。大面积高纯度的色彩易产生较强的刺激,但如将其纹理处理成类似呢绒织物的质地感,则给人以清新、高贵的感受。可见材料的质感能呈现出一种特殊的艺术表现力,在处理产品表面质感时,应慎重而大胆。

随着科学与技术的发展,新材料、新工艺的不断产生,给各类材料充分发挥其质地美提供了可能,也给普通材料的高档使用开辟了广阔的天地。普通材料经过各种工艺处理变为高级材料,从而大大节省了许多高档材料,降低了产品的成本。如非木材原料的木材化(纸浆压制成纤维板代替木板),非金属材料的金属化(塑料制品表面镀铬以体现金属质感),非皮革材料的皮革化(用纸浆或塑料制成与皮革的质地和纹理类似的材料)等。

1.6
从艺术文化的角度审视产品造型设计

人类的意识过程,其实是一个将世界符号化的过程,思维就是对符号的一种挑选、组合、转换、再生的操作过程。因此可以说,人是用符号来思维的,符号是思维的主体。“从远古的洪荒年代起,直到现代文明的建立和发展,人们从来没有停止过对于造物的苦思冥想和实际的造物活动。”人通过这种有意识的活动改造了自然,并使自己获得人类的灵气。自然界就被赋予人的意义,出现反映人的意向和活动的世界,“文化”也就开始了它的一发而不可止歇的生命运动。

文化是指在人类社会的历史实践过程中,所创造的物质财富和精神财富的总和,是人类为了以一定的方式来满足自身需要而进行的创造性活动。它诞生于人类最初的“造物”活动之中,可以称之为“造物文化”。后来,生产力发展了,人的需要丰富了,文化的内涵就由简到繁、由单一到多样,文化的概念也随着文化学研究的深入而被赋予越来越复杂的内涵,即人类文化是由一元向多元发展的,没有改变。

不管自然环境如何多变,随着创造出适应多种情况的人工环境,人类便可以在地球表面的任何地方生存。人类创造了制服猎取物的武器,创造了满足各种生活所必需的工具。可以把一切意识性的、物象化的、符合某种目的的物品都称为产品设计。通俗地讲,凡具有一定目的,由人类创造出来的所有实体都可称为“产品设计。”这些造物艺术都是手工产品。因此,也可以笼统地称为工业产品设计。

工业产品设计就是对工业产品的功能、材料、构造、工艺、形态、色彩、表面处理、装饰等诸因素从社会、经济、技术等方面进行综合处理,既要符合人们对产品物质功能的要求,又要满足人们审美情趣的需求。也就是在对工业产品进行外观设计时,不仅要研究工业产品制造的可能性、操作时的可靠性、经济上的合理性、形态表现的艺术性等,同时还要研究工业产品对社会的价值,对环境的影响,对人的生理和心理的作用。这里的“艺术性”是一种综合性的概念,它不仅包括产品的造型处理、色彩处理、纹饰处理与视觉效果相关的结构处理、纹理效果处理,还包括人的触觉、听觉等综合感觉效果的处理。

工业产品设计作为一种造物艺术的同时,也成为一种综合艺术语言,作为人类造物活动的延续和发展,

它同样是一种艺术文化。在技术手段上,它拥有以往任何一个时代都无可比拟的现代工业文明;在审美精神上,它又是人类不断的创造力与文化传统的延伸与发展。工业产品设计将人类完善自己制造产品的努力从个人性的劳动转变为专业化的社会性劳动,变为运用社会的宏观力量控制和优化人类生活与生存环境的浩大工程。这意味着,人类已不满足于将生产力的发展仅用于从自然中获取财富;人类已觉悟到并有意识地运用现代工业技术和艺术手段去拓展文化生活中的精神空间,以求得人类自身的不断完善。

有人曾把工业设计评价为人类的"第二文化",从属于文化,即由各种产品创造出来的第二文化,反映了由社会经济体系、意识观念的差异和物质与精神之间的矛盾所产生的全部结果的复杂性以及冲突。将工业设计这一行为和其成果(产品)内潜的长处和短处,与社会经济的形式及其设计所适应的社会文化分开来考虑,这已是不可能的了。因此,一方面,工业产品设计必须依赖具体的文化环境;另一方面,工业产品设计本身,也创造了文化。工业产品设计的本质,也就是用艺术的语言(造型语言)体现造物文化,是艺术质的造物文化活动。在艺术质的造物中,艺术因素是一种本质的要素,它的存在实际上会使这种造物更具文化的意义和深刻性。

大工业生产的产品不只是为了满足自给自足的生产和狭隘范围集团的要求而生产,而是以广阔的市场为目的。在加工技术机械化的同时,随着科学技术的进步,新材料也不断产生了,过去不存在的各种工业产品渐渐进入了人类的生活之中,过去不曾有的艺术手法纷纷显现于工业产品之上。工业产品设计向全社会生活普及和渗透。如今,塑料、汽车和电视,在现代生活中深深扎下了根,而我们却已忽视了工业产品设计的本质。俗语说:"根深才能叶茂"。产品设计只有扎根于人类各种传统文化中,才能有着丰富的内涵和深刻的意象。事实上不管社会怎么发展和变化,总有些东西是不能放弃的,是与我们的灵魂共存的,这便是一种追求美好的情感。真和善都是为了美,人类对美的追求从未停止过,所以人们才渐渐明白了高尚和完美的含义。这种感觉和感情便构成了人类的传统文化。

1.7
造型设计的美学法则

美的事物一般都符合自然规律的形式,不违背人们的官能快感,经常以其鲜明生动的形式——色彩、声音、形体等给人们以舒适的感受。各种形式的美感更是以是否符合自然形式的规律性(例如,均衡、比例、节奏、韵律、统一与变化等)作为美的衡量尺度。这些"美"的原则同样是艺术造型所应遵循的美学法则。美学法则是人们研究生活和自然界中各种形式因素(形态、色彩等)组合的规律,是各种具体事物的美的形式的概括,得出的结论。它是千百年来人们进行审美和设计创造活动从中判断"美"与"不美"的基本原则,当然也不是绝对的。它随时代的演变,科学技术的发展,社会、文化、艺术和文明的发展而不断发展及创新。美学法则在产品造型设计中的运用,一定要结合产品自身的功能特点,与其他各种造型因素进行有机、自然结合,合理地求得完美统一的外观形象,才能使美的因素通过产品的形象充分地表现出来。

在产品设计中自觉地应用美学法则进行指导,将美的形式法则应用到设计中,才能创造出协调优美的产品。因此,对产品造型质量进行美学评价,也应该以这些美学法则为基础,作为评价内容和评价指标。而美学评价指标的选择和制定,则要从这些美学原则出发来进行。因此我们需要对美学法则进行分析和归纳,提取出可以作为美学评价指标的内容,建立起评价指标体系。

产品设计中应用到的美学法则有：尺度与比例、均衡与稳定、统一与变化。

1.7.1　尺度与比例

1. 尺度的概念

"尺度"这一术语的应用范围很广。在测量与制图学中，尺度就是比例尺，表示图上线段的大小与相应的实物线段大小之比，利用这个比值可以从图上得到某个对象整体或者其局部实际大小的概念。在立体空间的艺术造型中，尺度是以人的身高尺寸作为度量的标准，对造型物进行相应的衡量，表示造型物整体与局部的大小关系，以及同它自身用途相适应的程度和与周围环境相适应的程度，来表示造型物体积的大小。

尺度也可认为是与人体或与人所熟悉的零部件或环境相互比较所获得的尺寸印象。造型物的局部或孤立的零部件，往往很难判断出它的真实体量，但是，如果通过与人的比较或者与人所熟悉的环境进行比较，就易于判别其大小了。

2. 尺度感的形成和作用

尺度感是人对造型物所产生的尺度感觉，它不是造型物体量的实际大小的数量概念，而是指和人相称的尺度。产生尺度感的原因，是由于人们使用和操作机电产品时操作活动及空间的需要，应当使造型的形式和尺寸（如操作手柄的形式和大小等）适应人的习惯和需要，否则人们会感到这些造型构件是无尺度感的。例如，人们经常接触使用电动自行车的操纵手把、旋钮等，虽然产品型号不同、使用者的生理条件和使用环境不同，但它们的绝对尺寸是较为固定的。因为它是与人体功能相适应的，往往与产品本身大小无关。车体再大，手柄尺寸仍然只能适应于人手部的尺寸大小。

尺度感的影响因素主要是造型结构方式和与人直接相关的各种构件的传统观念。这种传统观念，是在人们长期的知识水平和经验积累的基础上形成的。因此，造型设计中结构或形式的改进与变换，不能只追求多样变化，同时还要满足人对它的尺度感觉。否则，由于联想和比较，易造成感觉上的不适。有尺度感的造型物，不仅美观，而且使用合理、舒适。因此，常以它来衡量造型设计的合理性和舒适的程度。

3. 尺度与比例的关系

产品造型设计中，首先要解决的是尺度问题，然后才能进一步推敲其比例关系。造型中如果只有各部分之间的良好比例，而没有合理的尺度是不可能符合使用要求的。造型中的比例和尺度问题应该综合、统一地加以研究，两者的协调统一乃是创造完美造型形象的必要条件之一。

艺术造型的良好比例和正确尺度，一定要以产品的功能为依据，不能孤立地推敲比例和尺度，而忽视它与功能之间的密切关系。尤其应把比例尺度以及和功能直接相关的有关人体工程学、可靠性技术等问题全面综合地加以研究，才能使造型的比例及尺度完美。因此，一定要依据造型对象的功能，技术和艺术等自身特征中所蕴藏的数比因素，去创造独特的比例和确切的尺度。

4. 产品造型比例设计的要素和前提

凡是造型都有一个比例与尺寸问题。"比例"是指造型局部之间或局部与整体之间的匀称关系。

美的造型都具有良好的比例。造型体的比例美，可以认为是一种用几何语言和数比词汇去表现现代生活和科学技术美的艺术形式。正确的比例是完美造型的基础，是造型中用于协调造型物各组成部分尺寸的基本手段，正确合理地确定造型比例，可以使造型的功能、结构、形体、色彩等造型因素所表现的形体构成组

合,具有理想的艺术表现力和良好的相互联系。

产品造型比例设计的条件是根据功能要求、技术条件、材料、结构、时代特征,再结合人们对各种机电产品造型的欣赏习惯和审美爱好而形成的,是和造型的艺术表现手法密切配合、协调一致的。机电产品造型比例设计应该是造型的结构方法、尺度和其他构成规律特点相辅相成的表现。因此,产品造型比例设计的决定因素是构成造型物诸要素的协调一致,造成其局部与整体的相互联系、统一和匀称。

产品造型的比例关系不是固定不变的。随着构成要素的变化、功能的要求、生产工艺的革新、科学技术的发展和欣赏爱好的变化,产品艺术造型的比例关系也将产生一定的变化。确定机电产品合理的造型比例关系,一般来说,可以从下述几方面去考虑:

1)功能要求形成的比例

从功能特点出发来确定造型的比例是机电产品比例构成的基本条件。因此,造型首先要考虑适应功能的要求,在此前提下,尽量使造型样式优美,两相兼顾,决定造型物各部分的尺寸大小和比例关系。

2)审美要求形成的比例

产品造型的比例关系除主要按功能要求和技术条件形成基本的比例关系外,对于一些结构布局允许灵活变动的造型,还可按人们的社会意识、时代的审美要求作为主要因素来考虑,使造型的比例关系具有时代特征的形式美。

由此可见,产品造型中,认真研究比例关系,用适当的数比关系可以表现现代生活特征和现代科学技术的美。这种抽象的艺术形式是产品造型中表现现代形式美感的主导因素之一。

1.7.2　均衡与稳定

1. 均衡的概念及表现形式

均衡是指造型物各部分之间前后、左右的相对轻重关系。任何静止的物体都要遵循力学原则,保持平衡、稳定的条件。因此,造型物的体量关系必须符合人们在日常生活中形成的安定的概念。这里所说的造型的体量关系是指形体各部分的体积,在视觉上感到的相互间的分量关系。

产品是由一定体量、不同材料和结构方式所组成的,它必然表现出自身的重量感。由于艺术造型中所采用的比例、尺度、材料、结构和色彩等因素的不同,所表现的重量感也是不同的。产品的均衡感,往往只取决于外形所产生的重量感,即从形的体量关系出发,而不从零部件的实际重量出发。研究体量均衡的方法,最基本的出发点是衡定造型各部分间的体量平衡。按照杠杆平衡原理,"支点两端的力矩相等"就构成了平衡条件。但构成体量力矩的形式与状况不同,可获得下列几种平衡关系:

(1)等形等量平衡;

(2)等量不等形平衡;

(3)等形不等量平衡;

(4)不等形不等量平衡。

一般来说,等形等量平衡和等量不等形平衡的支点都位于支承底面的中点,这比较符合物体放置和人们观察习惯的一般状况。而在等形不等量平衡及不等形不等量平衡中,虽然可以得到平衡的效果,但物体的放置一般都不会以这种特殊的支点形式来支承物件,故这两种平衡脱离实际,不符合人们一般的观察习惯,给人以不平衡感。因此,前两种平衡关系在造型与构图时应用较多,而后两种是不用的。由此可见,均衡感的产生可由对称或不对称的形体关系表现,但其艺术表现力是不同的。

2. 稳定的概念

自然界的物体为了维持自身的稳定,往往靠近地面的部分大而重,上面的部分则小而轻,使重心降低,防止偏倒。机电产品造型中的稳定问题正是协调造型物的上下部分的轻重关系。按照力学原理,稳定的基本条件是物体重心的铅垂投影必须在物体的支撑面以内,其重心越低,越靠近支撑面的中心,则其稳定性越好。

产品造型中,由于结构布局和材质选用的不同,各部分形体的实际重量并不是均衡的,它的稳定表现在"实际稳定"与"视觉稳定"两方面。实际稳定是产品实际质量的重心符合稳定条件所达到的稳定,而视觉稳定是按产品形体各部分间的体量关系来衡量它是否满足视觉上的稳定感。在造型中同时考虑上述两种稳定,才能取得良好的稳定感。

具有稳定感的造型,给人以安详、轻松的感觉,不稳定的造型则给人以动摇、倾倒、危险和紧张不安的感觉。

例如,对于电动自行车来说,由于是运动的物体,所以还是追求在造型上有一定的速度感,比如采取一定的流线和曲面造型等。但是由于电动自行车的时速不像汽车、摩托车或飞机那么快,而且使用的人以妇女和老年人居多,所以就相对速度感而言,更强调稳定感。

1.7.3　统一与变化

1. 概述

"统一与变化"在产品造型的三大原则(尺度与比例、均衡与稳定,统一与变化)中居重要位置,它是艺术造型中最灵活多变,最具有艺术表现力的因素。机电产品是由不同功能、不同结构、不同技术条件的若干零部件组成的。这些零部件的形式、材料、质地、色彩、功能等都各具特点,互不相同。但是,由于它们都是一个整体的组成部分,是为产品功能服务的,因而相互有着非常密切的内在联系并有机地融为一体。就零部件的差别和多样性而言,是艺术造型变化的基础,就各部分的内在联系和整体性而言,又是艺术造型必须统一的依据,所以产品造型设计就要平衡造型中既有多样变化的艺术效果,又有整体协调统一的艺术形象。因为任何物象的美,都表现于它的统一性和差异性之中。完美的造型必须具有统一性,"统一"可增强造型的条理与和谐的美感。但只有统一而无变化又会引起单调、呆板的感觉。为了在统一中增强美的情趣和持久性,又必须在统一中加以变化。变化可引起视觉美感的情趣,增强物体形象的活跃度和生动感。

产品造型如果缺少必要的变化,机电产品形象就会显得单调、呆板。但是,如果过分地变化,则会使机电产品造型杂乱而缺乏整体统一的形象。可见产品造型的主要任务之一,就是有意识地充分考虑和利用各零部件的功能结构及技术条件所具有的差异和统一性的因素,把它们有机地组合在一起,按一定的艺术规律处理,力求其造型形象达到变化与统一的完美结合。

为取得产品造型的变化与统一,主要采用的造型手法是在变化中求统一,在统一中求变化。这两种手法常常又具体表现于运用调和、主从、呼应、对比、节奏、重点等处理手法上。变化中求统一的表现技法,常利用调和关系、主从关系和呼应关系;在统一中求变化的表现技法,常利用对比关系、节奏关系和重点关系。

在产品造型设计中,如果能很好地分析应用上述手法,就可能取得较好的造型效果。但是,这些造型手法既灵活多变又相互制约和影响,要自如地运用和处理这些方面,并不是轻而易举的事情。

2. 造型设计统一的基本要求

对立统一规律是指导一切艺术表现形式的基本规律。完美的产品造型必须具有造型形式的统一和艺术格调的统一。产品造型设计中最难达到的就是整体的和谐与统一而不是没有变化。因为要从不同的造型要素之中去寻求共性因素,以形成造型的风格和主调是十分困难的。造型有了主调,便可减弱多种对立要素在视觉上的相互竞争,使它们从属于造型因素的有秩序的配列之中。

因此,有了或突出了造型要素的主调,就可取得统一的效果。造型中所要求的统一,主要是指以下几方面。

1)形式和功能的统一

这是造型中处理变化和统一的主要依据。造型形象应该是功能和形式有机结合的统一体,不能脱离功能要求而单纯追求形式上的统一,也不能只强调功能而不顾形式的协调统一。

2)比例尺度的统一

这是取得造型形象美的重要手段。完美的造型其形体尺寸必须具有良好的比例和统一的尺度感,这是造型形式美感表现的重要方面。

3)格调的统一

这是充分调动功能、材料、结构、工艺等方面内含的美学因素,运用变化统一的手段,把这些因素有机地组合,使其既发挥各自的特点,又统一在同一风格和基调之中,使造型的形、色、质等取得协调。

3. 造型变化中的协调手法

1)调和统一

在造型设计中,对组成造型体的各部分,应尽可能地在形、色、质等方面突出共性,减弱差异性,使造型体各部分之间美感因素的内在联系加强,从而得到统一、完整、协调的效果。"调和"体现在以下几个方面:

(1)比例尺寸的调和。

同一造型形体各部分的比例尺寸尽量相等或相近。

(2)线型风格的调和。

主体造型的线型风格协调,是指构成形体大轮廓的几何线形要大体一致。如果造型以直线为主调,那么主要部分应当以直线构成形体。直线与直线的过渡是圆角或是折线也应统一。如果造型以圆弧、曲线为主调,则形体的主要部位应以优美的曲线构成,其他次要部位也应当以圆滑的过渡或曲线的转折与主体相呼应,从而达到造型体的线型风格协调和统一。

(3)结构线型的调和。

结构线型是指造型体内部各零部件的连接所构成的线型。这部分线型应按结构方式而定。但是,如果结构线型与主体轮廓线型位置安排不当,相互之间七零八落,在造型体面上形成过多的不同线型关系,就会破坏线型的统一,使造型形象支离破碎,缺乏统一、和谐、简洁、明快的线型风格。

(4)零件、辅件线型风格的调和。

除构成形体的主要线形要调和外,还应使主要或突出的辅件线型也要与之协调一致。

(5)系统线型风格的调和。

线型风格的调和不仅要求每个单件产品的造型风格要协调,当产品系统是由两个以上的单独部分(或是同一产品的各个分散部分)构成时,该系统的造型线型也要大致统一,这样才能显示出系统造型形象的内在联系,以及反映出产品功能的内在联系。否则会造成系统线型风格的紊乱,产品内在功能的联系受到形式上的割裂,破坏了系统的整体感。

(6)分隔、联系的调和。

分隔是因功能或者其他原因的需要将整体分成若干个局部。联系则是因功能或其他原因的需要将若干局部组成一个有机的整体。分隔与联系是使造型物求得完美统一的手段之一。

在处理机电产品的大平面时,为了加工制作方便,改变单调的外观造型,不论有无功能要求,有时采用分隔的方式来增加装饰线(或面),打破单调的局面而获得美感。不重复、渐变的分隔可以加强变化的作用,等分、重复的分隔可增加统一和有秩序感的协调关系。应用中要注意寻求分隔中的联系,使之有统一调和的视觉感。这种分隔与联系的调和关系,处理得好会增加造型的艺术效果。分隔与联系的手法,一般可运用线条、体面转折、色彩和装饰件等方法来实现。

(7)色彩调和。

产品的色彩调和是获得统一协调的重要方面。产品造型不仅要解决"形"的问题,还要解决"色"的问题。"形是体,色是衣",好的造型不仅要求形体美,还要求色彩美。普遍规律是采用大面积低纯度的色彩统一全局,选用小面积的高纯度色彩使之活跃变化,再采用中性色来联系过渡,以达到和谐统一的色彩效果。

2)韵律统一

韵律是物质运动的一种表现形式,是一种周期性的律动,有规律的重复,有组织的变化现象,是艺术造型中求得整体统一和变化的一种表现形式。

韵律的形式特征主要是:表现形式重复;分隔间距相等;轻重缓急交叠。这些特征在不同的造型领域中,用它们各自的表现方式和造型因素来表现。造型中常用的韵律形式有连续韵律、渐变韵律、交错韵律、起伏韵律等,虽然其表现形式各有不同,但它们的共同特征是重复和变化。重复是获得韵律的必要条件,没有重复便不能产生韵律。但是,只有重复而没有规律性的变化会造成单调、死板和枯燥的视觉感。韵律所表现的形式是视觉动势的一种观念,将数理秩序性用于产品造型中,可表现出严正、条理、科学之美。

产品造型设计中,应用韵律的手法求得造型的统一协调,主要是强调节奏韵律中的重复性。一方面造型中采用重复的手法,可以起到加强或突出某个部分的作用,以加深对人的感染力,并引起人们的深刻印象;另一方面还能取得各部分相互的联系和呼应,以加强整体的协调和统一。

3)呼应统一

"呼应"是指在造型物的不同形体或位置的部件、组件上,运用相同或相近似的细部处理方式,以使它们之间在线型、大小、方向、色彩、质感及面饰方法等方面的艺术形式具有一致性。由于这些组件的差异性因素减少、共性因素重复出现、相互对应联系,造成互相呼应补充而形成统一的感觉,使整体造型取得和谐的效果。

4)过渡统一

"过渡"是指在造型物的两个不同形状间采用一种联系两者的逐渐演变,使它们互相协调,从而达到整体造型统一完美的效果。过渡统一不仅表现于形体、线型,利用色彩、质感的过渡也能体现造型变化因素中的协调成分,使造型的整体效果统一和谐。

4. 造型统一中求变化的手法

统一中求变化的形式,是取得造型形象丰富多彩、生动活泼并具有吸引力的基本手段。这种艺术表现手法,是利用造型中美感因素的差异性,求得在统一、完整、协调的基础上使造型物具备更加新颖动人的视觉美感。其基本形式有:

1)加强对比

"对比"是指造型设计中突出表现造型因素的差异程度。对比表现为彼此作用、互相衬托、鲜明地突出

各造型因素的特点,但这种对比关系只存在于同一性的差异之中,如体量的大小、形状、轻重、虚实;线条的曲直、方向;色彩的冷暖、明暗;质感的粗细、优劣等方面。造型中既强调和谐又应有对比,对比与和谐是相辅相成的,是一种对立统一的艺术手段,它们之间不能用简单的数字关系来表明差异的大小,而是以人的视觉感受为依据来处理对比与和谐的关系。产品造型中常用的对比手法有下列几种。

(1)形状对比。

造型物形状的对比主要表现在形体的线型、方向、曲直、粗细、长短、大小及高低、凸凹等方面。

①线型对比。线型对比指造型物的外轮廓线的曲直对比。直线和曲线形成对比,大曲率弧线与小曲率弧线也可形成对比。把不同类型的线组合在造型物上,这种组合必须建立在统一协调的线型风格基础之上,并且只能局部地运用与主调风格有差异的线型,来增强造型的生动性,使造型富有变化、形态自如、亲切、生动、美观。

②体量对比。体量对比指在造型物的立体构成中运用体量的对比关系(包括体量的大小、方向、凸凹等构成因素)增强形体的变化,使造型活跃、自然。同时,利用体量的对比关系还可突出重点,造成虚实效果,丰富体量构成的空间感。

(2)排列对比。

排列对比是利用线、形、体、色、质等造型元素,在平面或空间的排列关系上,形成繁简、疏密、虚实、高低的变化,使造型达到变化协调、自然生动的目的。

因为自然界的物体都不是以生硬而单一或等距的形式出现,往往是有繁有简、疏密相间、有虚有实、远近结合而形成,给人以和谐的美感。应用繁简、疏密、虚实、高低排列关系的艺术表现手法来处理造型因素的位置排列与空间组合,以取得良好的造型视觉效果。

(3)色彩对比。

造型设计中,充分而合理地利用色彩的浓淡、明暗、冷暖、轻重等对比关系,对丰富造型变化,突出重点,赋予造型以新颖、悦目、明朗的视觉效果等方面均起到较为突出的作用。

(4)材质对比。

产品造型与工艺方法和材料的选取有密切关系,由于造型物材料与表面加工处理的方法选择不同,必然产生不同的外观效果。粗犷产品的材质显得稳重有力,细腻的材质显得坚实庄重,光亮的材质显得轻盈华丽。材料相同,加工方法不同或加工要求不同,其表面的质感也不相同。

造型中,同一造型物的不同表面之间也可以形成不同的材质对比关系。例如,光亮面与无光表面的对比、粗糙面与光洁面的对比、有纹理面与无纹理面的对比、质坚硬面与质松软面的对比等。粗糙面与光亮面对比,粗糙面更为粗犷有力,光亮面更为轻盈华丽。因此,利用这些质感特点,加强了造型物的稳定感、亲切感,突出主从关系和虚实关系,表现造型物的部分功能特点,并丰富造型物的面饰效果和加强造型物的整体统一与变化,使造型物获得更好的艺术效果。

2)节奏变化

节奏变化是指运用韵律的变化,重复、有组织、有规律地安排造型因素,使形象富于生动的变化。为了达到在统一中增强变化,常用渐变的韵律、交错韵律、起伏韵律等变化规律处理造型中的线型、形体、体量、色彩和材质,以求得造型物既在变化中显现出相同或近似的谐调成分,又在统一协调的成分中看到不同的变化。

3)重点突出

组成产品的各个部分,是构成造型体必不可少的。但是,就其功能作用、结构方式、繁简和所处的部位来说,又是各不相同的。造型中对各部分的体量、形状、线型、色彩、材质和装饰等方面的艺术处理绝不能轻重不分、主从不清,否则会使造型的艺术效果平淡,缺乏吸引力。

运用重点突出的手法来加强造型的变化,主要是指对造型物主要部分加以重点的表现和刻画,对于其线型、体量等方面都做比较细致的艺术处理;而对次要部分只在符合整体统一的原则基础上,做一般的处理,起烘托或陪衬主体的作用,使主要部分更突出、生动和自然。在有主有次的处理方式下,造型各部分的艺术效果自然形成不同的差别,反映在造型的形态上,也就形成了统一协调下的变化。

突出主体的方法主要有:运用形体对比突出主体;运用色彩、材质的对比突出主体;运用精细和特殊的加工工艺,获得特别的面饰效果来突出主体;采用特殊的外观装饰件来强调重点;利用造型中的方向性和透视感等因素,引导人们的视线集中于主体。

重点处理是造型中常用的形式之一。如果运用恰当,可以增强造型物的艺术感染力,突出产品的功能特点,丰富造型形象的变化,否则会使造型形象单调乏味。但是,过多的重点处理,则会适得其反,造成视觉混乱或结构不合理,增加造价,这些问题在造型设计中都必须予以重视。

1.8
产品造型需求法则

设计的根本目的是设法满足人们的需求。心理、行为学家往往将人的需求分为五个层次,即生理需求、安全需求、社交需求、自尊需求和自我实现需求。人的需求是由低层次向高层次发展的,其形式如同金字塔。而人类的需求通常是经由自然环境、人为环境,尤其是经由设计的产品而求得的满足。人类的需求是随着时代的科学技术的进步不断变化着的,新的需求会刺激新的欲望,新的欲望又导致新的设计。工业造型设计就是要主动了解使用者现在和将来的需求,并注意不同需求层次的差异性,不断设计出能满足不同使用者的各种需求的产品。

1.9
产品造型时空法则

造型是时空的艺术,这一点已被越来越多的人所认识。时空法则要求将造型要素根据人的心理感觉,针对产品的功能进行适当的配置,使造型产生扩张、流畅、向上、抵抗外力等运动的、具有生命力的艺术形式。时空法则还要求设计与生产者提高设计物的质量,使之在以使用者——人为核心的环境中形成一个成长、消亡、再生的良性循环。从另一角度来说,产品随着时间的推移和地域的变化不断改变着自己的存在形式。科学技术在不断进步与发展,人们的审美情趣和对美的追求也在不断变化,这些都要求产品造型设计具有鲜明的时代特征。产品造型设计必须洞察科学技术的发展动向,密切注意新理论、新技术、新工艺、新材料的出现,应尽可能地加以运用,充分将先进科技研究成果转化为具有实用功能的商品的媒介,设计出符合时代美学特征和文化倾向的产品。设计的产品随时代条件与社会环境和社会心理反应做相应的变化是

必然的,研究与预测这种变化的潮流,把握设计倾向和特点对设计者来说是极其重要的。

由于世界上各个国家、地区、民族所处的地理位置和环境不同,政治经济条件、文化传统和宗都信仰不同,形成了各自特有的性格、爱好、情趣、习惯和追求,这就要求跨地区的产品造型设计应具有不同的艺术表现形式和格调,形成相应的民族风格。

1.10
产品造型设计的要求

产品造型主要是以工业产品为表现对象,在满足其工业品属性的前提下,用艺术表现手段创造出实用、美观、经济的产品,如家用电器、交通工具、机械设备等。这些造型物除了要保证产品物质功能的实现外,还要关心产品与人相关的一切方面,充分考虑人的因素,使产品能适应和满足人的生理、心理要求。因此,从现代设计的观点看,产品造型必须满足实用要求的物质功能和审美要求的精神功能两方面的需求,最终是以产品的市场竞争力和人机系统使用效能来衡量的。

在现代化工业生产中,产品要取得社会的承认并达到预期的社会效果,就要在设计中实现技术因素和艺术因素的有机结合,将过去的单纯工程结构设计改为结构设计、造型设计的综合设计,从单纯的工程技术领域转入到与美学、人机工程学、心理学、色彩学、符号理论以及价值工程、市场销售等多学科相关的领域。显然,产品造型设计与传统的工程技术设计有着明显的不同,在衡量产品质量指标方面也有着显著的差别,如表1-1所示。

表1-1　产品造型设计和工程技术设计之间的差异

内　容	目　标	目　的	进　程	方　法	理 论 基 础
工程技术设计	功能、结构	降低制造成本	详细设计、制造商组织	企业资源规划、制造业流程再造	柔性制造、先进制造技术、虚拟制造等
产品造型设计	造型、人的因素、颜色、品牌文化	满足消费者需求、产品创新	产品、概念、设计	创新设计、产品语义学	感性工学、产品创新技术、人机工程学等

从工业设计的角度看,现代工业产品的质量指标应至少包含内在质量、外观质量和人机质量三个方面:

(1)内在质量指标侧重反映产品的物质功能,它主要包括产品的结构、性能、使用寿命等。

(2)外观质量指标侧重反映产品的精神功能,它主要是通过产品的形态、色彩、装饰等美感要素来体现的。

(3)人机质量指标侧重反映产品的使用功能,它主要是通过控制器、显示器、作业空间、作业环境等与人在操作使用过程中相关的因素来体现的。

在设计中,内在质量指标和人机质量指标客观性强,易于测量和评价,但外观质量指标的主观性强,且不易直接测量。

 ▌思考题▌......

1.产品造型设计的要素有哪些?

2. 产品造型设计的原则是什么？

3. 运用产品造型设计的美学法则，进行一款座椅的造型设计，要求设计 3 个不同方案。

4. 影响产品造型设计的因素有哪些？

5. 为什么要从艺术文化的角度审视产品造型设计？

6. 产品造型设计和工程技术设计之间的差异是什么？

Chanpin Sheji Chengxu yu Fangfa

第 2 章
产品造型设计程序与方法

　　设计程序与方法是由人们在实践经验中总结出来的理论,是人类智慧的结晶。设计过程本身是一个问题求解的过程,而在很大程度上它又是一项系统工程。设计的实施需要遵循一定的程序和依靠一定的方法来进行。合理科学的设计程序和方法,除了能够开拓设计者的思维,得出有创意的结果,更重要的是可以确保产品开发的成果,提高产品开发的成功率。因此,作为一名设计师,掌握科学的设计程序和方法是非常必要的。设计程序和方法对设计活动起指导和设计优化的作用,特别是在今天,设计活动作为一项趋向于团队协作的工作,在具体的设计活动中,整个团队具有统一的设计理念和设计精神成为出色完成设计工作的一个重要前提。

　　设计师要设计出满足人们需求的优秀的产品,就必须掌握好设计程序和设计方法,并能够灵活运用它们。

　　以下是对设计程序和方法进行的论述。

2.1 产品造型设计程序

　　任何一个产品的设计开发都要经历一定的阶段,这些阶段综合起来就称为设计程序。在产品造型设计实践中,由于产品造型设计所涉及的产品和企业不尽相同,不同产品的外观造型和内部结构差别又比较大,另外,不同的企业对设计工作的要求也不一样,所以,设计工作的进行呈现出了不同的过程。根据产品的属性和设计的目的不同,产品设计程序可以分为产品改良设计程序、产品创新设计程序和产品概念设计程序。

　　不管是产品改良设计,还是产品创新设计和产品概念设计,在进行设计的过程中它们也存在着某些共性。下面简述一下产品设计的一般设计程序。

　　第一步:设计问题的提出。这是整个设计过程中比较重要的一个环节,它奠定了整个设计的基础和设计的方向。

　　第二步:进行设计调查,搜集资料。所搜集的资料都是与设计目的相关的,这要求运用一定的方法获得比较全面的、真实可靠的资料信息。

　　第三步:分析资料,设计目标定位。分析资料,从中找到解决问题的方案。而设计定位是设计诉求的基点,通过资料的分析,进行目标定位,以便突出所设计产品的特点,从而考虑到消费者的需求,使消费者容易识别、接受。

　　第四步:孕育设计创意,展开设计。通过草图的绘画来表达自己的设计创意。这个阶段需要画出大量的草图来表现自己的设计思路。草图的不断演化有助于拓宽设计者的思维,从而得到不同思路的雏形方案,并列出可能的方案,对方案的可行性进行分析。

　　第五步:设计方案的确定。从几个可能的方案中选出较好的方案,或者对几个方案进行综合得出一个更优秀的方案,从而确定最终方案。并制作出效果图、工程图以及模型。

　　第六步:设计的最终评估。这个阶段除了要设计师对设计产品有个最终的评审外,可以进行小批量的生产,让市场去评估这个新设计的产品。

　　关于产品设计的一般设计程序,根据不同的设计目标所需要的设计程序也不尽相同,以下是关于产品改良设计程序、产品创新设计程序及产品概念设计程序的具体描述。

2.1.1　产品改良设计程序(基于问题的设计)

1. 产品改良设计概述

改良设计也称为综合设计,主要是通过对现有的产品观察和分析,了解其存在的缺陷和不足,进而利用对现有的科学技术、材质和消费市场等进行的研究,对现有产品进行优化和改进的设计。改良设计可能会产生全新的结果,但它是基于原有产品的基础,并不需要进行大量的重新构建的工作。同时它的限制条件也较其他设计多些。

产品改良设计是设计行为中最为常见的设计活动。随着社会的发展,科学技术的进步及人们生活水平的日益提高,人们对产品的要求越来越高。人们要求产品不但具有能满足其使用要求的物质功能,更重要的是有能够满足其审美要求的精神功能。在这种需求下,就要求设计师通过对现有产品的改良,满足消费者当前的生活方式和风格潮流,使产品能够顺应时代潮流,甚至能够引领时代潮流,从而在市场竞争中获得优势。

每一个产品都有它的生命周期,产品改良是延长产品生命周期的有效方法,一般会在产品成熟期进行,它是企业提高自身产品竞争力的一个有效的方法。

所以说产品改良设计的需求是无止境的。一方面通过产品改良设计,人们的需求将能得到最大的满足,它能解决产品使用过程中存在的问题,能够最大限度地去满足人们的需求。另一方面也能够提高企业的竞争力,使通过改良的产品能在同类产品中表现出自己的优势。开发新市场,使改良之后的产品能够适应不同消费者的需求。

2. 产品改良设计程序

产品改良设计是基于市场上产品存在的缺陷和不足而进行的,因此往往具有较为明确的设计任务及设计目标,并能够在设计过程中获得丰富的可以参考的资料。产品改良本质上是受市场和技术进步的驱动的一种设计行为,是提高产品可用性和增强产品市场竞争力的重要手段。

我们一般把产品改良设计的工作分为四个阶段:发现问题、分析问题、解决问题、反馈问题。它的程序如图 2-1 所示。

1)发现问题

发现问题是产品改良的入手点,它是指企业或设计公司对市场上现有的产品存在的缺陷的描述与分析,进而得出一项设计任务。这时的设计内容可能是已经设计过的旧的内容,也可能是一个全新的、别人不曾踏入过的,但无论如何设计师设计出的东西必须是新的。

这个阶段的主要工作内容如下。

(1)全面了解产品中存在的缺陷与不足,主要是运用一定的方法,使设计师和产品用户对产品的缺点和优点进行列举,然后通过分析了解产品中问题所在。

(2)明确设计任务,确立设计目标。设计公司在接受或确立一项设计任务时,除了必须对设计的内容进行了解外,最重要的就是要非常明晰地领悟设计所要求实现的目标。

(3)制订设计日程计划(如图 2-2 所示)。"凡事预则立,不预则废",设计工作也是如此,在进行设计之前要对设计项目进行详细的计划安排。它是在掌握设计内容和设计目的基础上制订的计划,主要目的是能够明确设计自始至终所需要的每个环节,以及每个环节实现所运用的手段和完成这个环节所要用的时间,进

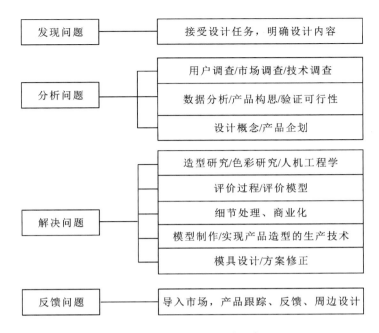

图 2-1　产品改良设计程序

而从全局把握整个设计项目中的要点和难点。这对整个项目出色地完成有一定的积极作用。

（4）制定设计的指导原则。这个主要是指设计团队和工程部门之间要明确设计分工，相互协作，从而出色完成设计任务。

2)分析问题

分析问题是明确了设计任务和设计内容之后的一个重要阶段。在发现了问题之后，就应该搞清楚构成该问题的原因所在，要明确原因就需要对市场上现有产品的相关资料进行分析和整理。这个阶段的最终目的就是要明确设计定位。

该阶段主要的工作内容如下。

（1）设计调查，信息收集。

在进行产品改良的时候都是有一定的依据的，并不是凭空捏造出来的，因为每件产品的设计都会涉及现有产品、用户需求、当时的社会经济、文化、技术等一系列问题。根据设计产品的不同，所注重的因素也不相同。因此，进行设计调查，收集整理有效的信息是设计过程中所必须进行的。图 2-3 所示为设计调查的主要内容。

目前常用的市场调查方法有询问法、观察法和购买法。询问法就是以询问为主的方式进行资料的收集。将调查的内容以书面或口述的形式告诉被调查者，并请他们认真回答，从而获得有效信息。询问法的方式主要有面谈、电话询问、书面询问（问卷调查）、网上询问。观察法就是派遣调查人员到使用现场进行直接观察搜集资料的方法。这要求调查人员具有敏锐的观察能力和分析问题的能力。可采用录音、拍摄等工具进行辅助。购买法就是花一定钱去购买市场现有的同类产品，进行综合分析，以获得相关的一些资料。针对具体的设计项目，所采用的调查方法也有所不同，以上是最常用的方法。

（2）资料的分析。

在进行资料分析时，主要分析有两个方面：目前市场上该产品的分析，即企业产品状况的分析、产品及使用方式分析和产品用户分析；需求的分析，即用户需求的层次、类型和用户需求的评估。

对产品改良设计中的重大问题，通过技术、经济和社会文化各方面的细致分析来研究其开发的可行性。

时间 内容 计划	九月（日）															十月（日）																						
	9	10	11	12	13	14	15	16	17	18	19	20	21	22	23	1	2	3	4	5	6	7	8	9	10	11	12	13	14	15	16	17	18	19	20	21	22	23
调查准备 课题拟定																																						
调查准备 制定调查表																																						
调查准备 调查人物、地点																																						
调查准备 调查用具、方法																																						
调研 市场研究																																						
调研 需要研究																																						
调研 现有产品研究																																						
调研 行为习惯分析																																						
调研 技术生产条件																																						
研 综合分析																																						
研 基本功能																																						
研 基本结构																																						
研 基本造型																																						
初步构思设计草图 草图展开																																						
初步构思设计草图 草图制作																																						
展开设计 色彩设计																																						
展开设计 可行性研究																																						
实施设计 效果图																																						
实施设计 绘制模型																																						
实施设计 制造加工																																						
深化设计 色彩定位																																						
深化设计 视觉表现																																						
深化设计 完善模型																																						
深化设计 表面处理																																						
深化设计 生产工艺研究																																						
完成报告 报告书																																						
完成报告 版面																																						

图2-2　日程计划表

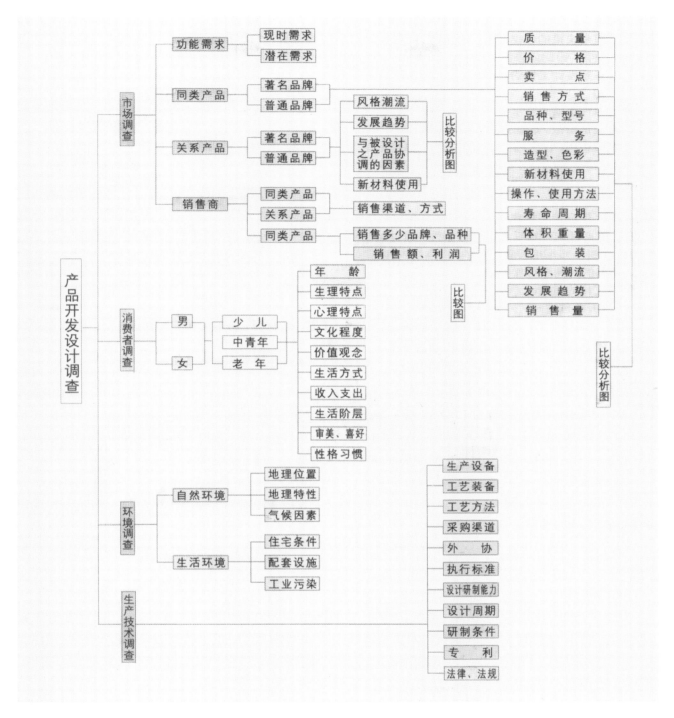

图 2-3　设计调查的主要内容

具体是从现有的材料、科技水平、是否满足人的需求这些层面来考虑。明确可能实施的技术,明确经济上的可行性。

(3)对产品进行定位。

设计定位在整个设计过程中起到指导作用,它在明确设计活动方向的同时,有效地防止因设计方向偏离所造成的重大失误。设计定位一旦确定,整个设计活动也就有了实施的根源,接下来的设计活动就都会

围绕它而进行。而设计任务书——设计开发实施方案也在这个时候开始形成。设计任务书的主要内容为：对设计任务的范畴、性质和目的的说明，规定设计师阶段性的工作，详细的时间表，具体的合作沟通方式以及预期问题的解决策略等。设计任务书是关于产品设计方案的改进性和推荐性意见文件。

3）解决问题

这个阶段也就是展开具体设计的阶段。在这个阶段设计师要充分利用搜集的资料，在设计定位的基础上提出创意方案。然后经过一定的流程，最终实现方案。

这个阶段主要的工作内容如下：

（1）利用草图表达方案创意。

方案创意也就是设计构思想法，它需要通过一定的途径转化为视觉的形式，这样才能把抽象性的概念转化为具体而清晰的视觉形象。用草图表达是方案创意视觉化的主要手段。在进行草图表达时，设计师要充分运用自己的洞察力、专业知识和经验去完善自己的设计构想、改进产品造型、创新样式、为产品增加吸引消费者的新的特征。通过收敛思维选择出最能表达设计目的的创意方案，用计算机将其快速、详细地呈现出来。

（2）对选定方案进行评价。

当方案具体化之后，就需要对整个方案进行细致的评价了。进行评价的主要目的就是为了能够在产品开发设计中发现问题，以尽快地进行修改。

对于改良设计而言，在进行评价时，主要针对的是该设计对使用者、特定的人群及社会有何意义；对企业在市场上的销售又有什么样的意义。具体的评价内容主要有三点：①创造性，这主要是从产品的功能、外观造型和本身的价值来说的；②科学性，这主要是从人机工程学方面（安全性、宜人性等）和生产制造方面（材料的品质、模具的设计、工程图等）来说的；③社会性，这主要是从成本预算、市场状况和审美方面来说的。

在进行了设计评价之后，设计创意被最终确立，下面就要进行详细的设计了。

（3）详细设计。

详细设计也可称为深入设计，在这个阶段，设计表达不仅要求绘制内部结构图和外观效果图，同时还需要建立模型，通过模型来深化设计。

在这个阶段进行设计制图也是很有必要的，设计制图所包含的是产品的外形尺寸图、零部件图以及装配图等。

4）反馈问题

在改良后的产品导入市场之后，追踪市场对新旧产品的反应和销量的变化是设计师在这个阶段的主要工作。反馈问题就是为了验证改良设计是否取得成功，达到预期效果。这个阶段的具体工作就是，跟踪改良后产品的使用者，了解人们对产品的使用情况，及时发现改良设计中存在的问题，以便研究对策及时加以解决。

世上没有完美无缺的事物的存在，包括我们改良之后的产品，我们的目的就是让其趋于完美，也许它一时能够满足人们的需求，但仍然面临着下次的改良。

2.1.2 产品创新设计程序（基于方式的设计）

1. 产品创新设计概述

产品创新设计又称为形式设计，它是一种针对人的潜在需求的设计。它将重点放在研究人的行为上，就越明朗,产品构思的效果也就越好。

因此,在这个阶段,设计师应尽可能使自己的思维发散,运用自己的知识和经验积累,从多方面、多角度去思考问题,并以形象思维为指导采用适当的描述问题的形式,以便记录已经思考的问题,从而对整个设计任务要解决的问题有一个清晰的把握。完美无缺的事物是不存在的,同样任何产品的设计都或多或少地存在一些问题。在了解了设计任务要解决的问题后,就要求设计师运用收敛思维方式对问题进行选择,选择的标准因设计的目的不同而表现出一定的差异性。

因此可以说,在提出问题阶段,主要运用了发散思维和收敛思维两种思维形式。

第二阶段:分析酝酿阶段。

这个阶段主要是对问题进行分析,并对问题进行概念化处理。在现实中,设计所要解决的往往是多个主要因素相互纠缠在一起的复杂性问题,所以应该理清思路,进行分析。由于分析是要建立在一定信息基础之上的,所以,在这个阶段要尽可能多地搜集信息,然后对信息进行整理和分析。通过草图来表达构思,借助于计算机进行辅助设计,最终确定方案。

其中,对问题进行概念化处理主要运用抽象思维形式,概念化处理使设计师更能把握问题的本质,从而找到可行的方案。产品概念化对象一般包括产品造型、色彩、材质等外在视觉形式,也包括结构、制造、工艺等内在的形式。因此,在这个阶段中,产品概念化的过程主要运用形象思维和发散思维,并辅助以逆向思维。通过发散思维得到众多的解决方案之后,要运用收敛思维来对方案进行归纳和总结,以挑选出比较适合设计目的的方案。

第三阶段:详细设计阶段。

通过上个阶段得出适合设计目的的新方案之后,就要对方案进行进一步的实施和细化。优化设计方案、绘制工程制图、选择材料、确定尺寸,并进行模型的制作。

在这个阶段里进行的都是比较具体的工作,主要运用形象思维和逻辑思维。

第四阶段:综合评价阶段。

这个阶段中要求设计师对设计完成的产品进行评价,主要包括对产品的功能、结构、造型、成本、工艺、创新性、安全性、竞争性等方面进行评价,以确保其在市场上具有一定的竞争力。在进行评价时,所要进行的是创造性思维各个形式的综合运用。

2. 产品造型创造性思维的形式

设计的本质是创造,设计思维的内涵就是创造性思维。创造性思维是人类思维的高级阶段,由于创造性思维能够使产品具有创造性的结果,因此创造性思维的形式也存在着多样性。它主要包括形象思维形式、抽象思维形式、直觉思维形式、发散思维形式、收敛思维形式、分合思维形式和逆向思维形式。

1)形象思维形式

形象思维是用直观具体的形象来解决问题的一类思维方法。这里的形象在产品设计中主要指:实物的形体、颜色等不同的形式。例如,在进行一个产品构思时,设计师头脑中往往会浮现出所要设计产品的形体特征,并在头脑中将产品进行分解、组装等,这个思维活动就被称为形象思维。

形象思维的特点是形象直观、具有情感色彩、生动并易于接受和理解。在创新设计活动中,形象思维是非常必要的,它伴随着整个设计的始终。在进行设计的过程中,无论是对产品的外观进行设计,或是内部结构组合,形象思维的作用都是极其重要的。形象思维可以激发人们的想象力、联想与对比的能力。

2)抽象思维形式

抽象思维是人们在实践活动中以概念、判断、推理为形式的一种思维,属于对事物的一个理性认识阶

段。利用抽象思维,能够更深刻、更真实地反映事物的原本面貌。随着科技的发展,社会的进步,抽象思维的作用在设计活动中显得越来越重要。

一个完整的抽象思维过程要求注意两个方面:首先,准确界定概念,准确界定概念的内涵和外延;其次,准确判断这些概念之间的关系,准确判断概念之间的演绎关系。

抽象思维和形象思维是辩证统一的,较之形象思维,抽象思维是用概念来代表实体事物,而不是像形象思维那样用具体的可感知的图画来代表实体事物;抽象思维是用概念间的关系来代表实体事物之间的关联,而不是像形象思维那样用图画的变换来代表实体事物之间的关联。这为人类超越自己的感官去认清变化莫测的世界提供了可能性。但是,如果没有抽象思维的准确性,就不能准确界定概念和概念间的关系,这种可能性就无法转变为现实。因此,准确地形成概念以及弄清概念间的关系是抽象思维方法最基本的规则。

3)直觉思维形式

直觉思维是指对一个问题未加详细分析,仅凭借内因的感知迅速地对问题答案做出判断、猜想、设想的一种思维形式。

创造性思维表现出选择、突破和重新构建的特征。这其中的选择,无疑取决于人们直觉能力的高低。直觉出现的时候,是在大脑功能处于最佳状态的时候,形成大脑皮层的兴奋中心,使出现的种种自然联想顺利而迅速地接通,因此,直觉在创造活动中有着非常积极的作用。创造都要从问题开始,伴随着问题的解决,往往有多种可能性,能否从中做出正确的抉择就成了解决问题的关键,而直觉思维能帮助人们迅速做出优化选择和帮助人们做出创造性的预见。如:魏格纳正是运用直觉思维才创建了大陆漂移学说。

直觉思维具有自由性、灵活性、自发性、偶然性、不可靠性等特点。由于直觉思维容易把人的思路限制在比较狭窄的观察范围里,有时也可能将本没有联系的事物归纳到虚假联系里面,所以说直觉思维的提升关键是要加强创新主体素质和树立端正的创造心态。

4)发散思维形式

发散思维又称辐射思维、扩散思维或求异思维,是指从一个问题出发,沿着各种不同的途径去思考,探求多种答案的思维。它不墨守成规,不拘泥于传统的做法,有更多的创造性,与发散思维相对应的是收敛思维。

发散思维具有它本身的特征,如:思路的流畅性,角度的变更性,超出寻常观念的独特性。而独特性是创造性思维所力图追求的。许多心理学家认为,发散思维是创造性思维的最主要的特点,是测定创造力的主要标志之一。它在产品设计各个阶段的应用都比较广泛,尤其是提出设想的阶段和方案设计阶段。

影响一个人的发散思维能力大小的因素很多,其中一个重要的方面就是个人的知识广博程度。这就要求设计者平常要多观察,事事留心,多积累知识和信息,不但要掌握好本专业的知识,还要多涉猎其他专业的一些知识,只有这样,才能在产品开发设计时充分发挥自己的能力。

5)收敛思维形式

与发散思维相对立的是收敛思维,收敛思维也叫作聚合思维或集中思维,是指在解决某一具体问题的时候,尽可能利用已有的知识和经验,从不同角度和不同的方向,将思维指向某一问题中去,最终得出一个合乎逻辑规范的解决方案。

收敛思维有以下几个比较鲜明的特征:一是来自各个方面的知识、经验和信息都指向同一个问题;二是收敛的目的就是通过对各种方案的分析、比较、综合、推理,从中引申出一种答案;三是和发散思维相比,收敛思维渗透得更多的是理性因素,所以它所产生的结论比较严谨。在创新活动中,收敛思维的作用也是不可小视的,在确定创新目标时,收敛思维就开始发挥它的作用了。创新目标的确定需要对多种因素进行分析、评价和优选,方向选得不对,题目选择得不够合理,往往直接影响到创新的结果。

实际上收敛思维和发散思维作为两种不同的创新思维形式,在一个创造活动中是相互补充互为前提的,其关系如图 2-4 所示。

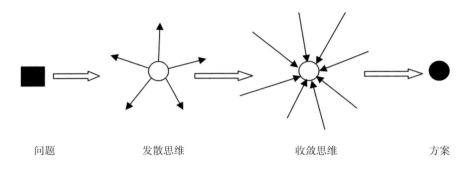

问题　　　　　　发散思维　　　　　　收敛思维　　　　　　方案

图 2-4　收敛思维和发散思维的关系图

6)分合思维形式

分合思维是把思考对象进行分解或合并,以便产生新思路、新方案的思维方式。如把衣袖和衣身分开,设计出了背心;将房子与车进行合并设计出了房车等。

7)逆向思维形式

逆向思维是人们重要的一种思维方式。逆向思维也叫求异思维或反向思维,它是对司空见惯的似乎已成定论的事物或惯常观点反过来思考的一种思维形式。如洗衣机的脱水缸,它的转轴是软的,用手轻轻一推,脱水缸就东倒西歪。可是脱水缸在高速旋转时,却非常平稳,脱水效果很好;破冰船的改良设计,它把向下压冰改为向上推冰,即让破冰船潜入水下,依靠浮力从冰下向上破冰。新的破冰船设计得非常灵巧,不仅节约了许多原材料,而且不需要很大的动力,自身的安全性也大为提高。这些都是逆向思维成功的例子。

人们习惯于沿着事物发展的正方向去思考问题并寻求解决办法。其实,对于某些问题,尤其是一些特殊问题,从结论往回推,倒过来思考,从求解回到已知条件,反过来想或许会使问题简单化。运用逆向思维去思考和处理问题,实际上就是以“出奇”去达到“制胜”。因此,逆向思维的结果常常会令人大吃一惊,喜出望外,别有所得。在设计过程中许多创意都是逆向思维的结果。

2.2.3　产品造型设计思维的基本方法

设计程序和方法是一个完整的概念,设计方法通常是设计程序中所运用的方法策略,是指为了实现目标所采取的必要的手段和途径,无论设计总体的战略部署还是设计过程本身,都依赖具体的方法指出,它包括计划、调查、分析、构思、表达、评价等手法的掌握和运用。

方法是为了解决特定问题或是达到某一目的而采取的手段的总和。产品造型设计思维方法是指在设计过程中,为了解决一些问题而采用的途径、手段和方法。弗兰西斯·培根曾说过:“没有一个正确的方法,就如在黑夜中摸索行走。”好的方法能为人们展开更广阔的思路,使人们认识到事物更深层次的规律,从而能够更有效地改造世界。在进行创造时,必须掌握一些有效的合适方法来进行思维和设计。

掌握一些切实可行和易于操作的设计方法,对产品造型设计是非常必要的。

最常用的基本方法介绍如下:

1. 头脑风暴法

头脑风暴法又称集体思考法或智力激励法,于 1939 年由美国的创造学家奥斯本首先提出,并在 1953 年将此方法丰富和理论化。头脑风暴法是一种集思广益的方法,是能够提出许多创新性设想的有效方法。

所谓的头脑风暴法是指采用会议的形式,让所有与会者在自由愉悦、畅所欲言的氛围中,围绕着某一课题自由交换想法或点子,取长补短,并以此激发与会者的创意和灵感,以便得到创造性的构想,产生更多创意的方法。与会人员一般为不同专业、社会经历有所差别的 6～12 人为宜,会议时间控制在一小时以内。在会议过程中鼓励疯狂的想法,切忌僵化的、束缚思想的思维模式。

在组织会议之前,一般注意以下几个方面:

(1)在进行会议之前,先进行智力活动,活跃思维。目标确立之后,物色会议主持人要慎重,要求主持人除了非常了解此技法之外,还具有能够在会议中启发和引导与会者的作用。

(2)明确主题,有的放矢,不乏空谈,不允许对别人的设想做出任何评价,鼓励自由思考,畅所欲言,鼓励与会者从多种角度甚至反常的角度来考虑问题。与会者一律平等,不提倡少数服从多数。另外及时记录,归纳总结多种思想。

(3)鼓励高产,从数量中求质量。在头脑风暴法实施会议上,鼓励与会者提设想,越多越好,会议以谋取数量为主要目标。此外,应把各种不同的见解整理分类,编出一览表,再召开会议进行评价。

(4)会议召集者应善于启发议题的转化,避免大家陷入一个方向而不能自拔;将所有的点子都贴在墙上辅助记忆,同时善于运用别人的想法开拓自己的思维,充分运用他人的设想来诱发自己的创造性思维,每个与会者都要用他人的设想鼓励自己,或补充他人的想法,或在总结了他人想法之后提出自己的设想。

(5)把点子用漫画表示出来或亲身体验一下,尝试操作一下,让点子变成可视的形象与体验,而不仅仅是干涩的语言。

"三个臭皮匠顶上一个诸葛亮",何况这么多人在一起讨论同一个话题呢!一个人在思考一个问题的时候,思维常被限制在一定范围内,如果几个人同时思考同一个问题,个人由于知识经验的不同,考虑问题的角度就会不同,这样就会互相激励,引出联想,出现连锁反应。所以,头脑风暴法的创新数目,在实践中远远超过了同样人数个体的创新构思。在为数众多的设想中,总能找到一两个新颖而有价值的设想。

随着头脑风暴法的实施和推广,这一方法又得到了进一步的充实和丰富,如后来的卡片记忆法等,都是头脑风暴法的延伸。

还有在头脑风暴法基础上发展成一套设计方法的"635"法,这个设计方法需要 6 个人参加,在具体操作时先确定设计主题,然后,要求参加者每次在一张卡片上写下三个解决方案,并进行提纲注释,然后传给邻座,要求后者在此基础上再提出三个解决方案或是进行补充,6 个人每隔一段时间就进行一次交换,因此,每个人的建议都经过 5 个人的补充,或组合发展,所以被称为"635"法,这个设计方法不仅使参加者的思维得到了启发,而且每个参加者的建议又得到了补充和发展,所以它的效果也很好,这个活动较头脑风暴法具有一点优势,那就是它把主持人有时会带来的消极影响给消除了。

学习和掌握这一方法,不仅能培养员工的创造性,还能提高工作效率,塑造一个富有创造性的工作环境。

2. 组合法

组合法就是将现有的技术、原理、形式、材料等按照一定的科学规律和艺术形式有效地组合在一起,使之产生新的效用。组合的过程就是把原来互不相关的,或者是相关性不强的,或者是相关关系没有被人们认识到的产品、原理、技术、材料、方法、功能等整合在一起的过程。经过组合,可以使设计师能够更广泛地获得设计构想,使产品的效用得到补充、拓展和完善;同时使形式更为简洁、合理。

组合法分为主体附加型组合、异类组合和同类组合等方式。

(1)主体附加型组合主要是以原有产品为主体,在其上添加新的功能和形式。它主要是在人们所熟悉的产品上添加新的功能或是改进原有造型,如:阿莱西公司设计的一款自鸣式不锈钢开水壶,添加了壶嘴处自鸣的小鸟就不但丰富了其使用功能,而且造型也显得更加有趣生动。

(2)异类组合是将两个相异的事物统一成一个整体而得到创新。异类组合是将功能做加法,而将造型做减法,获得的创新产品极大方便了人的使用及精神需求。

(3)同类组合是把若干个同一类事物组合在一起。它的思路如同"搭积木",使同类产品既保留了自身的功能和外形特征,又相互联系着。如:组合家具,它的使用率和有效性超过了原有的传统家具,组合音响等都运用了创新思维中的组合法。还有一种就是以方便使用、易于收藏、利于展示为目的,通过媒介物的设计把不相关的各种产品集合在一处。这被称为非系列产品的集约化组合。这类产品的设计重点是承载体,如:洗浴用品盒(袋)、组合文具、组合刀具等。但必须注意的一点就是,集约不能简单地理解为"拼接",它强调得更多的就是协调性和合理性。

组合设计法是设计创新的有效途径。它在整合产品或建立产品系统性的同时,增强了原有产品的功能,方便了人们的使用和管理,节约了时间、空间或费用,甚至满足了人们日益提高的精神审美的诉求。

3. 设问法

设问法主要包括检核表法、5W2H法、逆向追问法。

1)检核表法

检核表法是根据需要解决的问题或者进行创造发明的对象列出有关问题,逐个对它们进行分析,从中获得解决问题的方法和创造发明的设想。由于在进行检核过程中有分析问题的存在,所以说,它不仅照顾到思考问题的全面性,而且有利于新思想的产生。最著名的检核表法是奥斯本检核表法,它应用范围广,易学易用,主要从九个方面对现有事物特征进行提问。

(1)能否改进? 如干衣机和棉被烘干机的发明就是该方法应用于实践的例子。

(2)能否引申? 就是现有产品领域能否引申到其他领域的创造性设想。

(3)能否改变? 能否对现有产品进行简单的改变,如改变形状、制造方法、颜色、音响、味道等。

(4)能否扩大? 指现有发明能否扩大使用范围、延长使用寿命、增加产品特性等。

(5)能否简化? 现有产品体积缩小、减轻重量或者分割划小等。在产品设计上,以产品小型化取胜的范例很多,如:随身听、电子词典等。

(6)能否替代? 是否能找到部分或全部代替现有产品及组成部分功能的产品或零部件,主要指别的材料、部件、动力、方法等能否取代当前的。

(7)能否变换? 是指能否改变一下它的颜色、声音、味道、花色、款式等,得到一个别出心裁的东西来。

(8)能否颠倒? 指正反颠倒、内外颠倒、任务颠倒等。

(9)能否组合? 指方案的组合、部件的组合、装配的组合等。

在使用奥斯本检核表法时要逐条进行检核,防止发生遗漏,以便产生更多更好的创意。

2)5W2H法

它的主要内容包括以下几个方面。

(1)问"为什么"(Why)。

使用为什么来追问事物的本质、根本目的,可以消除创新者思维中固有的接受事物现状的倾向,拓展思路,打开思维空间。如:为什么要生产自行车? 自行车为什么是现在这个样子?

（2）问"是什么""做什么"（What）。

这一过程是了解事物特征、功能的阶段。

（3）问"谁"（Who）。

这一过程是了解相关生产主题或消费群体的阶段。

（4）问有关"时间"的问题（When）。

了解事件方面的问题。

（5）问在"什么地方"（Where）。

了解空间地点的一些特征。

（6）问"怎样"（How）。

（7）问"数量"指标（How much）。

在以上7个要素中，它们的地位并不是完全相等的，除了"为什么"之外的其他6个要素，它们只是对拓展问题的解决思路有一定的帮助，深化对问题的把握。

3）逆向追问法

逆向追问法是指创新活动中的个体或群体顺着与已有事物的原理或结构相反的方向进行追问，试图从中发现新的事物的过程。

4. 列举法

以列举的方式把问题展开，用强制性的分析寻找创造发明的目标和途径。列举法的主要作用就是帮助人们克服感知不足的障碍，迫使人们带有一种非常新奇的感觉将事物的细节统统列举出来。它主要包括特性列举法、缺点列举法、希望点列举法。

1）特性列举法

该法是由美国内布拉斯加大学教授、创造学家克拉福德研究总结出来的一种创造性技法。它主要是通过对研究对象进行分析，逐一列出其特性，并以此为起点探讨对研究对象进行改进的方法。运用这个方法着手解决的问题越小越容易获得成功。所以如果研究对象是大件的话要学会细分，分解之后再进行列举。

2）缺点列举法

把认识事物的焦点集中在发现它们的缺点上，通过对它们缺点的——列举提出具有针对性的改革方案，或者创造出新的事物的功能。有些事物的缺点是随着它的诞生而出现的，有些则是随着时间的推移和环境的改变而转化成了缺点，如：一次性饭盒。对事物的缺点进行列举时，必须抱有"吹毛求疵"的态度，毕竟每一件产品的设计最初也都是考虑到种种缺点而设法避免的。所以运用这个态度找缺点才能找到克服缺点的方法。缺点的运用：缺点逆用法，即发现缺点后，不是采用改掉缺点的方法而是从反面考虑如何使用这些缺点，从而做到"变害为利"的创新方法。缺点改进法：就是克服老产品的缺点，产生新产品。缺点改进法能够直接从社会需要的功能、审美、经济、实用等角度出发，针对创新对象的缺陷提出创新方案。优点在于以具体的实物为参照，比较容易找到入手点。缺点在于创新者往往为已存在事物的特征所束缚，限制了思维空间。

综上而言，缺点列举法是一种具有针对性的方法，在进行全新产品开发时，单纯依靠它是很难达到目的的。

3）希望点列举法

希望点列举法是通过列举新事物所具有的属性来寻找新的发明的方法。

缺点列举法可以从社会需要的功能、审美、经济、实用等角度出发研究对象的缺点，提出切实可行的方案。然而缺点列举法大多是围绕原来事物的缺陷加以改进,通常不改变原有事物的本质和总体,因而属于被动的方法,一般只用于老产品的改造。与缺点列举法相比,希望点列举法在开发具有某些特定功能的全新产品上,很少或完全不受已有物品的束缚,所以,这能为创造性思维提供更广阔的思维空间。

5.类比法

类比法是用待发明的创造对象与某一具有共同属性的已知事物进行对照类比,以便从中获得启示进行创造的方法。类比发明需要借助于原有的知识,但又不能受原有知识的束缚。它实施的步骤是选择类比对象,将两者进行对比、分析,从中找出共同的属性,进行类比联想获得结论。

类比法主要分为三类:直接类比、象征类比和拟人类比。

1)直接类比

直接类比主要指搜集一些具有与设计主题相似的事物、知识和记忆等信息,从而从中得到某些启发或者暗示,以便解决问题。如:搜集市场上的同类产品的不同品牌,从中得到启发,从而设计和开发出新产品。

2)象征类比

象征类比主要是指在技术上能够实现有一定的难度或者不可能实现,却能给人以审美的满足的事物给人以启发,从而得出解决问题的途径。

3)拟人类比

拟人类比主要是指把人模拟成主题中的事物,设身处地地思考问题,这主要在产品的改良方面最为常用。

类比法来自移植创造法。在运用这种思考方法时,还需注意,要有意识地、强制性地使一事物和人们所要思考的事物相联系。通过这种强制联系,人们会突破常规思维的禁锢,找到截然不同的新关系,最终产生不同凡响的成果。

>>→ **┃思考题┃** ......

1.试论产品设计程序的有机统一性。

2.至少从 5 个不同的角度对产品设计方法进行归类。

3.试简述产品设计理念与产品设计方法两者之间的关系,并以实例说明。

4.试阐述设计调研与设计评估阶段对于产品设计的重要意义,并以实例说明。

5.试阐述产品改良设计、产品创新设计、产品概念设计的异同,并分别指出各自的典型设计方法和原则,以相关实例说明。

6.信息时代下的产品设计要注意哪些问题?

7.如何借鉴和引用成功设计作品的优秀DNA?

Chanpin Sheji Chengxu yu Fangfa

第 3 章
产品造型形态设计

形态是一切造型艺术及设计借以表达思想感情、传递信息以及满足人们视觉评价、使用需求的重要媒介之一。一个人、一个动物、一条线、一个点乃至一部分空间和在空间中的一组物象,都具有形态性。

作为造型基本要素之一的色彩,也必然依附于一定的形态,或是具象的,或是抽象的,没有形态特征的颜色是不存在的。

形态本身因其线型、量、色彩及其表现(方向、位置、挺括、松弛、朦胧、明晰等)而形成一定的心理效应,为人的知觉所捕捉,引起深邃复杂的审美意象。作品中的审美意象是烘托主题、驱动情感的重要途径,而在形成这种意象过程中,形态有着十分重要的作用。

3.1 形 态 概 述

3.1.1　形态与形状

从最表层的含义来看,可以把形态看作是"外形"或"形",但深入去思考这个问题,就觉得不够了,因为"形状"也有"外形"的含义,但在设计和设计基础研究中,通常采用形态的概念而不采用形状的概念。为便于理解形态,不妨将"形状"和"形态"两个概念加以比较,看它们的异同。

形状包含一个很大的概念,它涵盖了事物所有的物质属性,包括形、光、色、体、空间、肌理。而形态只包含形状中形的那部分。因此可以说形状中包含形态,形态是形状表现要素之一。

如图 3-1 所示,从形状上看它们同属于三角形,一个是三角形的长边受力头轻脚重,具有稳定感,可以感知为具有稳定感的三角形态;另一个是三角形的顶点受力,它们虽然形状相同,但产生了具有不同心理感受的形态特征,第二个三角形头重脚轻,具有不稳定感,可以被感知为不稳定的三角形态。

图 3-1　不同心理态势下的形状

如表 3-1 所示,形态与形状的本质区别是"表现",即由外形特点引起的心理效应,也可以认识为"态势""姿态""动态""神态",从这个角度认识形态,我们可以说形态是有一定态势的外形。形态是通过外形把握其表现,而形状是由线和面构成的外形;形态是具有心理特征的外形,具有心理属性,而形状注重形的整体特征;外形相同,表现不同,被感知为不同特征的形态,外形不变,不论方向、大小、背景环境都可以被认为是同一形状。

表 3-1　形态与形状的区别

形　态	形　状
外形＋表现	外形
外形特征——心理效应	外形——整体特征
外形＋表现——不同特点的形态	外形不变——同一形状

研究形态的重点在于通过外形把握其表现,即其特点对观者所产生的心理效应。从形态的角度上看,视觉中的一个点都具有独立形态价值,有鲜明的心理效应。从这个意义上说,对形态的研究,其核心是对形态"态势"或曰"生命态"表现的研究,这是在设计中为形态注入感人魅力的基本切入点。

3.1.2　形态的概念

(1)形态是一种"活"和"动",或"生"和"动"的素质,是"生命"的印象。无论是有生命还是无生命的物象,都呈现鲜明动人的态势,在这种态势中含有力的流动的感觉,在这种"流动感"中又蕴涵着对立统一的变化,就会形成生命的印象。这种力的流动感有的贯穿于整个形态,有的突出地表现在某个局部,有时只因相差一点点,就会有完全不同的感觉。

(2)形态是以一定的功能为目的,以一定的结构、材料和工艺为基础,以形态对环境、社会的适应作为创作的限定条件。包括具象与抽象,并且必须满足一定的功能要求。在以上限定条件下追求物质功能、使用功能、象征功能、审美功能、社会功能等的心理意义。

(3)形态是可见物或图形的外形及其表现。一个点或一条线乃至最复杂的物象都可以被感知为形态,表现不同,就可形成不同表情的形态。

(4)形态是具有心理特征的外形。主要研究形的"态势""姿态""动态""神态"。

3.2

形态的分类

3.2.1　形态的分类

世界上的形态多种多样,从不同角度看形态也会有多种分类方式,我们从中挑选出有助于形态创造的几种分类方式来学习。从物质属性上分为自然形态、人工形态、抽象形态,它们三者之间存在一种形态生成的递进关系。

图 3-2 所示为形态的分类(物质属性)。自然形态是自然界中存在的形态,人工形态是对自然形态的学习和模仿,抽象形态是对自然形态、人工形态的重组,其形态不具有认知性。下面我们通过实例分析来加深对这三种形态类型的认识。

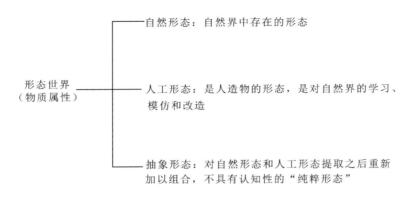

图 3-2　形态的分类（物质属性）

1. 自然形态

在自然界，各种形态有着极为丰富和生动的面貌，这些形态我们将它们统称为自然形态。图 3-3 是在大自然中随意拍摄的树木的几个形态，仅就这 3 个树木的例子来看，有婆娑多姿的，有强壮遒劲的，有娉婷妩媚的，十分动人。这些形态全部由曲线构成，从线型角度看，它们均属于"曲线形态"。这些曲线令人感到一种生生不息的力量，因而"生命感"十分显著。这是一切有机体所共有的特征，因而这种曲线形态又被称为"有机形态"。也就是说，从属性上看，它们是自然形态；从线型特征上看，它们是"曲线类"形态；从其表现上看，又被称作"有机形态"。

图 3-3　自然界中不同形态的树木

山的形态也十分丰富，近看、远看均可领略性格各异的特点。古人说：远看其山取其势，近看其山取其质。意思是说远看山易发现其整体形态特征，即易发现其动态性；近看山则会发现其局部的质地以及局部形态的特征。图 3-4 所示的远山表现了山的绵亘浑厚，虽然山是无生命的，但其线型及浑圆的形态特征使其形成了有机体的基本特点，因而也属于有机形态。就是说无论这个物象是否有生命，只要它具备生命体的形态特点（圆润、厚实、温暖或流畅等），就可被感知为有机形态。图 3-4 所示的山的形态，一个是山的远景，易于观察山的整体态势；一个是山的近景，易于观察山的局部质地和局部的形态特征，形态迥异但都是自然界中存在的形态。

2. 人工形态

人工形态是对自然形态的学习和模仿。从许多产品的形态中可以清晰地看到人工模仿自然的痕迹。如图 3-5 所示的产品，有的具有泥土的质地，有的是对树枝形态的概括。

在人工形态中按照对自然形态的概括程度又可分为具象形态和半抽象形态。具象形态是对自然形态的模仿，具有生动逼真的形态特征。北京奥运会的游泳馆——"水立方"的设计就具有具象形态特征，这是

图 3-4　山的形态

图 3-5　容器、衣帽钩、落地灯

设计师对水滴自然形态的模仿和概括成了规则的人工形态,运用在建筑结构与立面表现上,具有水泡生动逼真的形态特征。

　　与具象形态相比,半抽象形态加深了对自然形态的概括,提取物象重要特征叠加重构,形成主体印象。"鸟巢"这个被大家熟知的建筑,通过它的命名就可以找到其形态原形,是对鸟巢编织结构印象的概括,形成了北京奥运主场馆的形态特征。图 3-6 是聚乙烯塑料旋转塑模的半抽象的狗形态。在这个产品中,功能性被隐藏了起来。其实这个设计并非仅仅是一个装饰品或玩具,而且还是把座椅。通过对形状的简化和对表面特性的合理使用,小狗虽然失去了具象的个性,但是却仍然保持了一种友善的外观。可见,概括后的半抽象形态具有简洁明了、通俗易懂的形态特点。

图 3-6　Puppy 塑胶狗

从属性方面研究形态有利于对三者关系有一个明确认识,从而为提取、创造新的形态提供基础;从线型特征(直线形态、曲线形态、曲直结合形态)方面研究形态有助于了解形态的系统性以及在形态组合中更好地处理形态的协调和对比关系,如图 3-7 所示;从表现方式(机械形态、有机形态、偶然形态)方面研究形态,为探索丰富多样的表现方法提供某种启发,如图 3-8 所示。

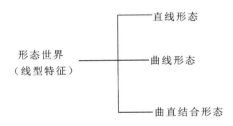

图 3-7　形态的分类(线型特征)

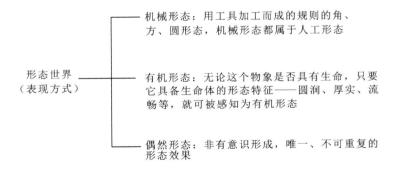

图 3-8　形态的分类(表现方式)

3. 抽象形态

以图 3-9 所示的运动头盔为例,它提取了自然形态中生动优美的线条重新组合,形成了不具有认知性的纯粹形态,赋予了形态更良好的功能性。我们将这种不具有认知性的形态统称为抽象形态。

图 3-9   运动头盔

如图 3-10 所示,设计师将速写中牛角的形态特征转化为巨大的雨篷的形式,并将推车的形态特征和阴影关系抽象提取,并置重构,形成了建筑物的主体形态。抽象出的形态已经不具有原有的物象特征,线条精炼有力,形态个性鲜明。

图 3-10   柯布西埃设计的昌迪加尔议会大厦及其联想来源

如图 3-11 所示,设计师将抽象绘画中的某些形态特征和结构关系利用在了建筑表现上,例如曲线形态的运用、前后的虚实关系、形态的比例关系等,形成建筑独特的形态语汇。

4. 机械形态

如图 3-12 所示,这个现代主义时期设计的金属壶具有典型的机械形态特征,便于机械加工,采用极规则的角、方、圆组合形态。这种机械形态给人以简洁明快、一丝不苟的印象。

如图 3-13 所示,这些都属于机械形态,采用规则的圆柱体、弧线、直线,由机械加工而成。

5. 有机形态

图 3-14 中的河床整体形态呈现自然的曲线特征,它们都属于有机形态,我们可以看出无论物象是否具有生命,只要具有自然的体态特征(圆润、饱满、流畅)都属于有机形态。

图 3-11　毕加索的绘画与建筑设计

图 3-12　包豪斯的茶壶设计

图 3-13　斯塔克的镜子设计

图 3-14　自然中河床呈现出的有机形态

　　与机械形态相比,有机形态具有自然化的圆润、饱满的形态特征。图 3-15 是由有机形态组合而成的椅子,线条圆润饱满,有一种舒展的态势。

图 3-15　伊姆斯的座椅设计

6. 偶然形态

　　如图 3-16 所示,设计师利用草图构思中获得的偶然形态,将这些偶然形态运用到建筑表现上,形成了独特的建筑形态语汇。

图 3-16　盖里等人设计的古根海姆博物馆与草图

　　我们通过比较认识一下不同表现形式的直线形态特征。图 3-17 中的这两个同是现代主义时期的座椅设计,一个是北欧的设计,一个是布鲁尔设计的著名的钢管椅。同样由直线形态构成,一个具有机械形态的直线特征,体现了垂直水平的比例关系,强调结构性,饱含稳定性并具有很强的视觉冲击力。而另一个北欧的座椅设计具有有机形态的直线特征,还具有生命体的流线型特征,属于自然化的相对直线,能够与周围自然环境和使用者浑然一体。可见,产品的设计形式也同样肩负起传递观念的使命。

　　下面来看看不同表现方式下的曲线特征。图 3-18 中的这个产品由规则的椭圆形态构成,具有机械形态的曲线特征,既给人以机械形态的简洁明了、一丝不苟的印象,又具有曲线形态的柔和生动感,视觉中和触感都具有舒适柔和的感受。

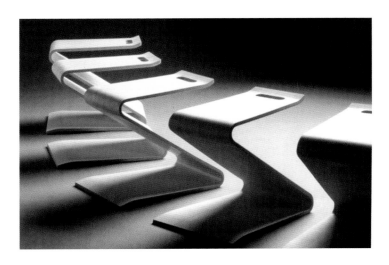

图 3-17　富有弹性的座椅(左)和布鲁尔设计的钢管椅(右)

图 3-18　双层果盘设计

图 3-19　斯塔克为 Felix 餐馆设计的吧椅

图 3-19 所示的这个吧椅具有不规则曲线组成具有有机形态的曲线特征,与机械形态的曲线特征形成对比,具有丰富的曲率变化,像从自然中生长出来的,具有神秘复杂的视觉感受,与自然贴近融合。

不同曲率形成不同的心理感受。图 3-20 中的这两把同样采用曲线形态设计的椅子,一把由动荡不安的曲线组成,具有矫揉造作的装饰感(左图)。而另一把由于曲率及结构与前者不同,而具有截然不同的形态特征,形态挺拔飘逸(右图)。由此可见,曲线的表现力十分丰富,不同的曲率与组织结构可以形成多种多样的形态表现。

如图 3-21 所示,这个柜子的主体是直线形态,但在上部和侧面略加改动,使其具有流畅的曲线特征,因而又具备了一些曲线形态的亲切感。

图 3-20　充满了自由曲线的座椅(左)与托内特的摇椅(右)　　　　图 3-21　富于线形变化的柜子

通过以上的实例分析,我们明确了对形态的三种分类、不同类型形态特征以及这些形态特征在设计中的作用。

从不同角度分类对设计的作用:从属性方面研究形态,有利于对三者生成关系有一个明确认识,从而为提取、创造新的抽象形态提供基础;从线型特征方面研究形态,有助于了解形态的系统性以及在形态组合中更好地处理形态的协调和对比关系;从表现上研究形态,可以为探索丰富多样的表现方法提供某种启发。

3.2.2　自然形态、人工形态和抽象形态的关系

(1)抽象形态是在自然形态及人工形态中提取出或提取之后重新加以组合的,不具有认知性的"纯粹形态"。

(2)人工形态是对自然形态的学习,除一部分人工形态对自然形态的模仿及有限改造后仍能看出与自然形态的联系之外,大量的人工形态都有抽象形态的特点。

(3)自然形态的局部或进入相当微观状态的表现,或从宏观上观察所得的印象,均具有抽象形态的特点。

(4)抽象形态(如基本要素——点、线、基本平面的正三角形、正圆形及正方形)按特定方式组合也可以形成自然形态或人工形态的基本特征,效果是简洁、新颖的。

3.3
主要的形态要素及其心理效用

形态要素是指构成形态的最基本、最单纯的因素,是决定形态形状及其心理效应的根本条件。具体来说,即点、线和基本平面。形态要素是研究丰富多彩的形态世界的基础。将复杂的形态(无论是现实形态还是抽象形态)归纳成简洁的形态,显现形态要素的特征,即是"基本形态"。对基本形态的提取,是突出"形态

性",强化形态心理效应的基本方法,是产品形态研究的内容之一。主要的形态要素及其心理效用如表 3-2 所示。

表 3-2　主要形态要素及其心理效用

主要的形态要素	直线形		水平线	垂直线	斜线	折线
		心理感受	沉着、安静、理性、稳定	生长力、对抗地心引力、挺拔向上、坚定、崇高	意味着运动,具有方向感和引导性	意味着冲突,具有破坏性效果
	曲线形		曲线		螺旋线	
		心理感受	活泼,形成视觉扩张力,弧线在视觉上的饱满感,S 形曲线富有生命力,不规则曲线传达动荡、不安的信息,纤弱,缺乏力量		具有生物学特征,具有宇宙的能量,体现了时间和空间的运动方式	
	方形		正方形		长方形	
		心理感受	强烈的规则感,充实感,安定、明显的等量性质带来的和谐		除具有方形的规则充实感之外,不同对比的直角边富有不同的美感	
	圆形		正圆形		椭圆形	
		心理感受	正圆的所有半径全相等,是外力与内力的抵消,到处都是流畅和饱满的、天衣无缝的,所以产生了充盈、完善、简洁和挺拔等感觉		长轴长,内力不平衡,按长轴方向流动。使人感觉是对正圆不同程度的侧视形成微弱的三维空间印象	
	三角形		三角形			
		心理感受	方向性明确,轻快、锐利、积极,因方向性变化引起视觉力的改变			

3.4

产品形态的作用

1. 产品形态的作用

产品形态是遵循有系统、有规律的组合而形成的人工形态。产品形态根据设计者或使用者的计划而产生,以有机或无机,自然或非自然的几何形态为内容,以成为功能载体为基本,传达对使用者的尊重和实现良好的人机关系为目标。具体来说包括表达功能、打动知觉、加深印象、提高兴趣、改变态度并诱发行动的作用。

撒切尔夫人曾说过"制造迷人的产品",也就是说产品形态设计不只是外观设计或对产品进行美化。因此一般所用的"外观设计"没有接触到设计的核心和本质。对于产品的形态来说包含了创造、计划和美学意义上的造型探索的含义。设计是一个思维过程,也是一个确定形的过程。它包括两方面的含义:第一是产

品设计和工业操作方面的含义,与产品计划有关,包括产品的可用性研究和人类行为科学、市场学、环境学、资源和技术潜力、产品对未来文化经济的影响和作用等;第二是为了某个预想的结果进行创造、策划或者计算,有目的地准备和安排,描绘预想方案的含义。国际工业设计学会理事会对产品设计下的定义是:"产品设计是一种创造性的活动,目的是确定工业产品的外形质量。虽然,外形质量也包括外观特征,但主要是指同时考虑生产者和使用者利益的结构和功能的关系,这种关系把一个系统转变为均衡的整体。"设计师不仅要对产品造型、色彩、线条进行调配和处理,而且更主要的是要考虑与生产者和使用者利益有关的产品结构和功能等问题。产品的色彩、造型与产品的功能和结构是密切相关的,如果设计师真正能够在一件产品的设计中把造型、色彩、功能、材料、结构和加工技术很好地结合在一起,这个产品就做到了"把一个系统转变为一个均衡的整体"。如果某件产品为了美化使加工过程变得非常烦琐复杂,造成材料浪费,消费者感觉不到作为产品的功能性的含义,这个设计肯定是失败的,由此也就无美感可言。某种造型语言、艺术形式在与其内容相协调时会给人以美感,在不协调时便会适得其反。产品需要给人以美感,但是产品不是艺术品;设计包含有艺术创造,但不完全是艺术创造。因此,产品设计要求设计师有广博的知识和比其他专业更为广泛的修养。

2. 产品形态的设计要点

为了要使产品吸引人,产品形态应首先具有认知上的吸引力,消费者可以识别出产品曾经使用过和曾经喜欢过,具有"就是它"的心理感受;其次应具有语义上的吸引力,视觉上产品性能好,心理上感觉性能也不错;再次是可以具有象征性的吸引力,即产品表达消费者个人的和社会的价值观,具有"那是我的产品"的心理感受;最后,产品形式具有的本质美会令人在视觉和心理上同样感受到产品"看上去太棒了"。总结起来,产品形态的创新性、认知性、精致和简约性是赋予产品迷人魅力的途径。

3.5
形态衍生及变化

3.5.1　课题的意义

通过前面内容的探讨,我们可以获得这样的认识,即丰富多彩的形态完全可以通过归纳、概括和抽象等方法取得基本形态,这有利于我们在现实世界中捕捉各种形态,不断积累它们,以丰富我们的形态表达语汇。我们可以从另一个角度来探讨将基本形态按一定方法进行变化、组合,构成无限丰富并有个性的形态,这是探索形态创造方法的重要基础。

通过前面所有作品例证可以看到,凡是优秀的艺术或设计作品,其形式必定是特定的、与众不同的,而形态也是特定的。这种特定性在揭示主题或推动主题的审美意象方面有着相当重要的作用,而产品设计在形式与功能处理上主要面对形态的课题,因而形态创造能力就相当重要了。

当然,我们在未来的设计实践中不能完全套用现在的方法去创造形态,那不是创造而是一种机械的模仿,是不可能创造出卓越的形态的,然而,如果没有现在对基本途径的探索,也不可能有未来在形态创造上自发而巧妙的创意和处理能力,这就如同舞蹈家的基础学习和平日的基本功练习一样,有了"刻板"的严格训练才有舞台上最大自由和高超的表现技巧。因而训练的目的在于积累形态创造的经验,形成越来越高的形态评价能力。

下面介绍的几个途径是一些最基本的思考和练习的线索,了解这些方法有助于学习者去开拓新颖、独特的途径。

3.5.2 形态衍生及变化的基本途径

1.渐变

渐变是形态发展过程中各阶段的展现。生物体从萌发到成熟直至衰老枯竭各阶段的形态特征的演变,是研究渐变的最好范例。在形态研究中,我们既可以通过归纳、概括、提炼等方法,将复杂的形态循序渐进地变成简洁的基本形态,也可以将基本形态渐次演变成新的复杂形态(这往往是人工形态创造的途径之一)。

图 3-22 是从最早的汽车直到 20 世纪 60 年代初汽车形态的演变。每一个新的变化都是它前一阶段形态的更新,这样,从比较宏观的发展上展现这种变化,就十分明显地展示了汽车形态的渐变过程。我们通过对这个变化过程的观察就会了解形态渐变的方法之一——逐渐改变某些局部的线型、比例、方位等,最后可以变化出崭新的形态。

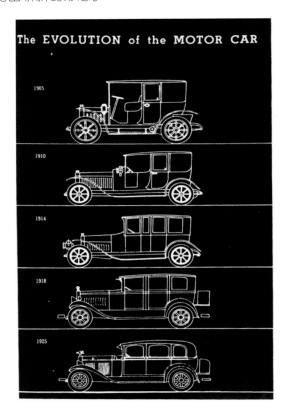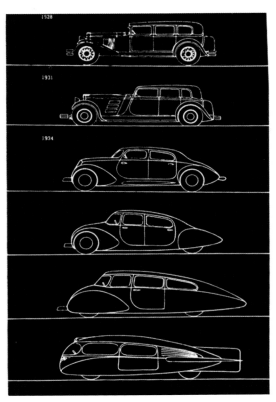

图 3-22　汽车形态的演变

图 3-23 是基于马金托什设计的"高背椅"(左图)演变的,基本比例不变而形态改变的座椅设计。

图 3-23   基于马金托什设计的"高背椅"（左图）

2. 减缺和移动

减缺和移动是在某个形态上"切割"下一部分，然后将"切下"的部分转移到另外位置上。这一加一减，就形成新的形态。有的设计通过减缺来赋予产品意义，有的则通过附加来丰富形态，见图 3-24。

图 3-24   减缺后具有了意外的功能

3. 重构

重构是把基本形态进行分割，产生新形态，再把这些新形态按不同方式重新加以组合。这样一来，我们就会得到不仅与原型协调，而且在新形态之间都协调，并且又有新变化的生动形态，见图 3-25。

4. 组合再生

"组合再生"是从基本形态变化出的较为复杂的形态，进行组合产生新形态的方法。在组合中，由于单

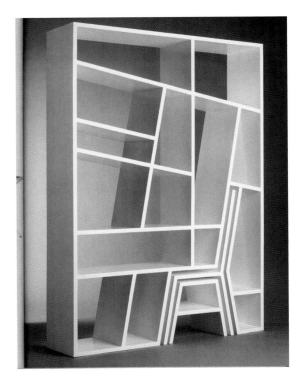

图 3-25　将长方形分割后以不同角度重组

元的方位、大小、距离、比例、整缺以及重叠方式等变化,即使只用两种形态相互组合也可以获得极其多样的
形态变化,见图 3-26～图 3-29。

图 3-26　将提包与鱼缸的形态组合形成新的使用方式——可以拎的鱼缸

图 3-27　将小鸟与水壶的形态组合产生了"会唱歌的水壶"之意象

图 3-28　简洁的椅凳部分与装饰性极强的椅背相结合(直率又优雅,令人印象深刻)

图 3-29　有机形态的"坐垫"与任意水瓶组合后获得很好的可坐性

3.5.3　形态意识

所谓"形态意识"是能敏锐地感受身边事物或艺术、设计作品形态性及形态价值的习惯和能力,是形式意识的重要组成部分。

有人说过这样一个例子:在一片森林面前,哲学家看出了事物发展、运动、变化的一般规律;植物学家却注意这些树木的品类、习性、内部结构以及生长、发育条件;从事木材经营的人能计算出这片森林的经济价值;一个画家则着眼于树木的形态、色彩及这片森林中树与树的空间关系,阴、晴、雨、雪给它带来的不同面貌以及牵动的情感并使他心醉神迷的各种因素。

世界上的事物是复杂的,一个事物具有从形式到内涵、从外在面貌到内在结构,以及社会的、经济的、政治的、文化的、宗教的、实用的、审美的、理性的和感性的等各种因素。因此不同的人、不同的观察和分析角度,可以从同一事物中做出不同的判断,汲取不同的营养。艺术家和设计师对某一事物除着眼于有关内涵外,对事物形式的研究和领会具有相当重要的意义。强化"形态意识"即是强化这种发现、吸纳形式营养的重要基础。

人们在现实中,对形态的印象主要来源于现实形态。而现实形态往往具有实体、功能和形式三个要素。所谓实体要素是指构成这个形态的材料、构造、结构和表面加工等,这种要素赋予形态以可视、可触、可听的具有重量、体积、形状等素质。如一只玻璃杯,其实体要素是玻璃的,即透明、坚硬又易碎的;它是有一定体积的,但中空;它有一定重量,可用手触到,也可移动,自身形态有相对恒定性。功能要素与实体要素及形式

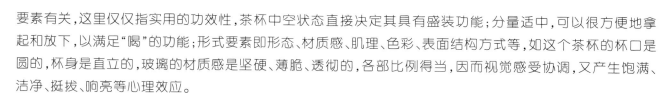

要素有关,这里仅仅指实用的功效性,茶杯中空状态直接决定其具有盛装功能;分量适中,可以很方便地拿起和放下,以满足"喝"的功能;形式要素即形态、材质感、肌理、色彩、表面结构方式等,如这个茶杯的杯口是圆的,杯身是直立的,玻璃的材质感是坚硬、薄脆、透彻的,各部比例得当,因而视觉感受协调,又产生饱满、洁净、挺拔、响亮等心理效应。

由于一个现实形态直接与人们的活动相联系,对一般人来说,往往注重它的实体要素和功能要素。形式要素虽然对人们的观察乃至心理可以发生影响,但人们接受这种影响时,一般是不自觉地,即人们所说的"视而不见,却可感"。

设计师要通过视觉形式作用人们的心理,因而要突破一般人只注重"认知"的心理定式,加强形态意识是提高视觉形式的领悟和评价能力,加强形式要素的感人力量的重要途径。

从不同的侧面,以不同的方法去发现新形态并将其捕捉下来作为"形态语汇库"的积累途径,如能坚持做下去,形态感受力及创造力就会大大加强。从形态角度看一切物象,就会发现丰富多彩、极为生动的形态。根据不同的目的和观察方法即使面对同一现实形态,也可以表现出极为不同的形态和组合方式。

大自然和现实世界蕴含着取之不尽的形态营养,上述变化及探索要以在现实生活及大自然中不断去采撷各种形态为基础,只要有很强的形态意识,就会在各种物象中发现奇妙的形态,并随时随地地去搜集它们。形态意识的养成和强化来源于对形态特点、演变规律的认识,也靠观察和积累。而有了形态意识,也有助于我们在日常生活中能随时随地去吸收形态语汇。对大量的、不为一般人注意的形态,如挂在墙上或堆在床上的衣物的特有形态、水泥地面一块剥落的痕迹、一片叶子、一个被揉搓的纸团以及聚散、不停活动的人群和建筑等都可能蕴藏或显现着十分生动而有个性的形态特征。只要我们从形态的角度去观察、去积累,我们的造型能力及评价、选择能力就会不断得到加强。

》→ ┃ 思考题 ┃ ....

1. 以身边物象或优秀设计作品为例,说明形式的作用。

2. 什么是形态?形态的核心问题是什么?

3. 形态对造型活动(艺术创作及设计)有何意义?

4. 现实形态与抽象形态有何关系?为什么要研究抽象形态?人工形态是怎样创造出来的?

5. 形态意识的强化有何意义?

第 4 章

产品造型设计方法与符号学

4.1
符号学概念辨析

4.1.1 符号思想的产生与发展

何谓符号？自从人类文明产生以来，人就不再直接生活在自然事物环境中，而是生活在符号世界中。人类精神和社会生活都建立在符号的产生、使用和交换的基础之上。我们的手势、表情、谈话、阅读、看电视节目、听音乐或绘画等活动，都是不同的符号行为。

奥古斯丁（Aurelius Augustinus，354—430）说："符号是这样一种东西，它使我们想到在这个东西加诸感觉的印象之外的某种东西"。

皮尔士认为："符号或表现体是某种对某人来说在某一方面或以某种能力代表某一事物的东西"，它是"确定另一事物去特指一个它所特指的对象的任何东西"。

文艺符号学的创始人卡西尔的解释是："所有在某种形式上或在其他方面能为知觉所揭示出意义的一切现象都是符号，尤其在当知觉作为某些事物的再现或作为意义的体现，并对意义做出揭示之时，更是如此。"

苏珊·朗格（Susanne K. Langer）说："符号即我们能够用以进行抽象的某种方法。"她在《艺术问题》一书中，又引用艾恩斯特·纳盖尔在《符号学和科学》中的话说："按照我的理解，一个符号，可以是任意一种偶然生成的事物（一般都是以语言形态出现的事物），即一种可以通过某种不言而喻的或约定俗成的传统或通过某种语言的法则去标示某种与它不同的另外的事物的事物。"

莫里斯对符号定义的一般表述是："一个符号'代表'（stands for or represents）它以外的某个事物。"他还从行为科学的角度，对符号做过更为精确的表述："如果任何事物 A，是一个预备刺激，这个预备刺激在发端属于某一行为族的诸反应序列的那些刺激对象不在场的情况下，引起了某个机体中倾向于在某些条件下应用这个行为族的诸反应序列去做出反应，那么，A 就是一个符号。"

沙夫在其《语义学引论》中写道："每一个物质的对象、这样一个对象的性质或一个物质的事件，当它在交际过程中和在交际的人们所采用的语言体系之内，达到了传达关于实在（reality），即关于客观世界或关于交际过程的任何一方的感情的、美学的、意志的等内在经验的某些思想这个目的的时候，它就成为一个符号。"

法国当代符号学家罗兰·巴尔特在其《符号学原理》（Elements of Semiology）一书中认为，自有社会以来，对实物的任何使用都会变为这种使用的符号，例如，雨衣的功能是让我们防雨，但是这一功能又同表示一定天气的符号结为一体。

戴维·戴希斯在《文学研究》中说道："符号在这里的运用，完全是指一种比说明包含更多意味的表现。符号是敏感的人可以从中领悟到隐蔽于其后的意义的东西。"

曾任《符号学》杂志主编的 T. 谢拜奥克认为，符号是一种信息，而符号学所研究的课题正是各种各样的的操作目的和准确操作方法。换句话说,通过设计,应使产品的操作目的和操作方法不言自明,不需要附加说明书解释它的功能和操作方法。怎么才能在人机界面设计中实现这一目标呢? 产品符号学认为:这些几何形状的象征含义是人们从小在大量的生活经验中学习积累起来的,这是每个人的几何形状知识财富,设计师应当采用人们已经熟悉的形状、颜色、材料、位置的组合来表示操作,并使它的操作过程符合人的行动特点。

正如一个圆是没有任何指涉对象的,也就不存在外部联系的意义,自身不能构成符号;但当圆形的按钮作为产品要素时,在形态上能给人以柔和、亲切感,并可提示具有旋转功能;如果圆形按钮的顶面是微微凹下去的弧面,人们通过联想就会与用手指按压这一操作方式相联系,这样产品要素就呈现出一定的意义性,并且能被消费者所理解,产品符号系统的语义就得以形成。其次,产品要素的符号学性质还应该体现在语用学特征上,语用学是研究人与符号之间的关系,产品符号的功能是具有广泛意义的产品与外部环境的联系,而最主要的是产品与人的联系,即人对产品的使用方式,这种合理的使用方式才能使产品具有意义。例如易拉罐的设计正是通过使用方式的变化,为特定时空环境下的人们创造一种合理的饮水方式,产品要素采用符号系统设计的意义也正在于此。

4.2.2　产品结构的符号学解析

1960 年,西方设计界普遍对"外形跟随功能"的设计指导思想提出质疑。以功能主义为指导思想,设计的日用品基本都是很理性的几何形式,直线、矩形,连圆弧都很少使用,颜色多为白色,这使得产品显得冷冰冰的,缺乏人情味。其实,产品外形本身就具有一定功能,例如圆形的功能是转动,平面上可以放置其他东西,其次,面对 20 世纪 60 年代出现大量的新电子产品,外形像一个"黑匣子",形式美的设计概念已经失去意义,人无法感知它的内部结构,设计师应当通过其外形结构设计,使电子产品透明化,使人能够看到它内部的功能和工作状态,这种设计要求使得产品造型的整体性和外部结构形态发生转变,以形成一个紧密、完整的整体。

产品的结构形态采用符号学特征,会有利于使用者快速掌握产品的使用规则。判断一个产品的设计是否成功,最简单的方法是看用户能否不用别人教,自己通过观察、尝试后就能够正确掌握它的操作过程、学会使用。好的设计允许用户自己进行任意操作尝试,而不会引起产品的操作挂死,不会损坏产品,不会伤害用户自己。判断设计好坏的另一方法,是看它的操作说明书。为什么要提供操作说明书? 因为从机器上无法直接学会操作,说明书越厚,表明该机器的人机界面设计得越不直观,用户无法依靠直接尝试学会操作方法;说明书越薄,表明该机器的操作方法可以直接从人机界面上领会,不需要使用说明书,是良好设计的一个标志。

产品结构是若干要素相互联系、相互作用的方式,即产品系统的结构是其内部各要素相互作用的秩序。产品结构的符号学特征首先体现在产品要素之间的关系上,即产品语构学的特征上,正是有了要素与要素之间的有机结构关系,要素才能作为媒介关联物在符号系统中发挥其内涵和外延的作用,产品才能形成系统,实现特定的功能。产品结构的符号学意义还体现在自身的语义特征和语用特征上,产品的对称结构本身就能给人以均等、平衡和稳定的语义感觉,螺旋式的结构设计能创造出旋转的使用方式。产品符号的语义和语用关系通过合理的产品结构得到明确的设计,产品的宜人性得到体现。

4.2.3　产品功能的符号学解析

功能是产品系统所体现出来的外部意义,是作为媒介关联物的产品与外部环境相互联系和相互作用过

程的秩序及能力。功能作为产品符号的目的性,作为设计的最终目标,是产品符号系统的深层结构关系,而功能又必须通过产品符号系统的表层结构——产品要素和结构来实现,所以产品系统的功能是通过产品符号意义的内涵表现出来的,其实现过程正是产品符号的解释关联物发挥作用的过程,也是产品在人们的心灵中唤起观念的符号化的过程。

如法国铁雪龙汽车公司在汽车设计方面,无论是结构还是形式,都首先从汽车功能——运送乘客服务这一目标出发,强调功能性原则。在设计上该公司不赶时髦,而把注意力放在消费者的需要和现代科技的发展上,要求汽车能适应不同的环境,以此推动产品的更新。

再以座椅设计为例,如果跳出机械结构的框框去研究设计,把座椅的功能定义为"一个用于乘坐休息的器物",这时就可以摒弃旧有形态的束缚,思路就会开阔多了,进而展开思维联想,运用不同的设计符号,选用不同的材料,采用不同的加工工艺,设计出钢丝椅、塑料椅、藤椅、充气椅等。

一定的功能需求还可以用几种不同的符号形式加以表达,如同样是体现中国风格,我们可以选择斗拱也可以选择大屋盖,可以选择龙纹也可以选择凤羽;同样是开抽屉,我们可以选择暗把手也可以选择明把手,可以选择机械方式也可以选择电动方式。设计符号的可替代性也充分体现了功能的多种符号表达特性。

产品符号意义的表述往往是复杂的,表述得过于直接,就会使产品语义失去其复杂性而变得浅薄,表述得过于隐晦,其意义又很难被解释和接受,所以设计师必须根据具体的状况而选择适当的符号表达方式,使产品系统的功能能够被广大消费者所理解。

4.3
产品造型设计中符号学应用的原则

包豪斯著名设计师拜耶曾经说过,"设计的作用是使人类和世界变得更加容易为人理解。"产品造型设计中符号学的应用,使产品外在形态和视觉要素加以形象化,使产品使用者更容易理解这件产品是什么,它如何工作、如何使用以及它意味着什么等,使一件复杂的产品成为一件"自明之物"。但作为产品的使用者,人所具备的各种经验和知识都会作为理解因素反映到对产品的认识之中,诸如气质、年龄、性别、教育、职业等都会导致个体心理结构的差异,每个人对同一形态会产生不同的联想,对产品的目标诉求也各不相同。设计师必须在人类心理学、社会心理学等领域做周密细致的研究,使产品和使用者的内心情感达到一致和共鸣。因此,在具体的产品造型设计中符号学的运用要注意以下几项原则。

4.3.1　符号学运用要符合产品的功能和目的

产品的符号造型应符合产品的功能和目的。对此,著名工业设计师理查德·萨伯曾在《1940—1980年意大利设计汇编》一书中介绍他的设计时说:"我认为,设计者不需要为他的设计做什么解释,而应通过他的设计来表达设计的一切内涵。因此,我对我的设计没有什么可以再说明的了。"他用设计的语言——材料、构造、形式、色彩和整体,准确而明了地告诉了使用者他的意图和产品的含义。他的一个著名的灯具设计——Tizio灯,如图4-1所示,清楚地传达了作为灯具所应有的信息。该灯具为亚光喷漆,无任何纹样装饰,轻巧的灯身配以稳重含蓄的黑色,给人以严谨的感觉,不致影响工作时的情绪,点出了其功能性强的特点。仅有的开关和支架轴部分为醒目的红色,这在黑色的基调上十分突出,正确无误地指点人们进行操作。它有四种运动的可能性:底座平行的转动,第一和第二接头处的垂直转动,灯罩的垂直转动,在任何地方,Tizio 灯因有一个衡重系统而能永远保持平衡。铝材部件和连接活塞也是导电器,能够通过放在圆柱体底座中的变压器为节能的卤素小灯泡供电,这样就无须任何电线。这些设计手法是作者运用形、色来表达灯具性能和操作的说明,可以说他做到了产品设计是信息的载体的要求。同时 Tizio 灯还以它简洁、明确的造型,严谨又富有哲理性的结构,考虑到它诞生在石油危机使节能变得非常紧迫的那一年,我们不能不在它的形式和技术中发现一个真正的时代象征。

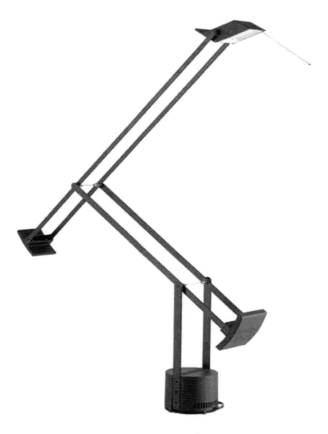

图 4-1　Tizio 灯

对于一些功能全新的高科技产品,要使产品的符号形象具有识别性,就应使它的形式明确地表现出它的功能,从而避免人们由于产品造型传达信息产生障碍而茫然不知所措。如某些复杂的电子仪器,它们内部的元件相似而功能却很不同,在这种情况下,往往采用遮蔽的方法,将构件复杂多样、外观上无秩序的机芯装在机壳内,从而使其形状简化,并起到防护作用,同时在其操纵面板上形成明晰而有秩序的标识装置,就可以表现出内在的功能性和精确性。

脱离了产品基本的功能和目的所设计的符号往往是令人费解、不知所云的。有一段时间,建筑界流行了一阵所谓"盖帽子""建亭子"的风气,以为在现代的建筑屋顶上加个大屋盖就是继承传统文化,其实,这是对产品符号孤立的、机械的、片面的理解。康德曾说:"一物与诸物的那种只有按照目的才有可能的形状的协和一致,叫作该物的形式的合目的性。"乱盖帽子、乱建亭子显然不符合这种形式的合目的性,因此会令人感觉到费解、滑稽和怪异。

4.3.2　符号学运用要符合自然规律和造物法则

自然规律和造物法则是在产品符号运用过程中的两条并行不悖的原则。自然规律是知性对自然变化规律本身所具有的统一性的理论认识,而造物法则却是从具体的、技术性的实践活动中分析上升而来的设计原则。这两者之间是普遍与特殊、理论与实践的关系。

"自然界尽可以按照自己的普遍原则而建立起来,我们却没有必要按照那条原则和以它为根据的那些准则,去追踪自然的经验性规律,因为我们只有在那条原则所在的范围内才能运用我们的知性在经验中不断前进并获得知识。"如在能量守恒定律被发现之前,历史上曾经出现过发明"永动机"的设想,虽然现在想来觉得可笑,但在当时这可是一流科学家去做的事情,但如果在能量守恒定律被发现后,还有人违背自然规律去发明"永动机"那就贻笑大方了。同样,在空气动力学被人们掌握之前,人们的飞天梦是通过在双臂绑翅膀,在身体上捆火箭来实验的,结果不可避免地失败;但充分掌握自然规律,运用空气动力学原理建造的飞机,却轻而易举地把人们送上了蓝天。

应该说,在符合自然规律,并充分利用自然规律方面,古今中外都有大量的经典设计发明。至少有三百年以上历史的活塞式风箱,如图 4-2 所示,是运用大气压和活塞原理而设计的,如明朝宋应星著的《天工开物》中曾记载"不用风箱鼓扇,以木炭少许引燃,煤炽达昼夜"。而古代埃及最伟大的建筑物——金字塔的塔身,之所以设计成棱锥的形状,也是从稳定性、当地的风沙强度、方向等自然环境因素考虑的。

图 4-2　活塞式风箱

造物法则源于人们的生产劳动实践,是人在与自然相互作用的过程中所寻求的自然界的生态平衡和艺术需求的心理平衡。产品造型符号要符合人们在长期的造物活动中所总结出来的造物法则,不能因为为了传达某种语意而违背普遍的造物法则。我们在设计的过程中不能因为造型符号,而牺牲掉基本的造物原则:实用、经济、美观、安全。

4.3.3　符号学运用要符合人的生理、心理特征和行为习惯

产品塑造的任务是对各种造型符号进行整合,综合产品的形态、色彩、肌理等视觉要素,表达产品的实际功能,说明产品的特征、寓意,使产品成为传达信息、表达意义的符号载体。但在实际的沟通传达过程中,从委托者、设计师、生产者到使用者,相对于不同的主体,产品可能被赋予不同的意义。这就需要设计师传

达的信息必须建立在使用者习惯的基础上,根据使用者的生理特征,以使用者在长期实践过程中所形成的操作经验为基础,把握住消费者的生理特征和行为特征,使设计起到准确地传达其功能的作用。以开关键为例,其"拉""按""旋"的操作方式之所以让人一目了然,就是因其是对长期的操作实践过程中所形成的经验的总结。

产品符号的运用要恰当,在出现指示符号的地方可以通过形体的变化,平衡向不平衡的转化,引起心理的紧张和注意。因为根据视觉的连续性特点,在有规则的连续中视觉不会造成停留,而在连续性中断,即出现变化的地方则容易引起视觉的注意和心理的紧张感。因此,通过这种变化提供某种指示可使人产生期待,使指示符号产生更突出的效果;其次,由于符号过多和过于集中会使人不知所措,所以指示符号应围绕产品的主要功能和使用方法而建立,最主要的符号应该简单明了,这样使人易于感知。此外,相似的形状或接近的元素容易被看成是一组,因此在多种操纵旋钮的分组上可以利用形状的相似或位置的接近加以区分;还有,由于使用活动过程本身的逻辑形成的产品特征更容易为人辨别,因此,符号的运用还要避免认知的障碍并具有可习惯性;再就是,各种符号的元素应具有同调性,并有一定的信息冗余,以保证信息传达的可靠性。例如儿童玩具一般采用几何形状和鲜艳色彩;男性用品一般线条简洁,色彩稳重,产品符号的运用所给予的信息与其本身的功能及使用者的愿望是一致的。

4.3.4　符号学运用要与既有产品形成一定的语意延承

设计的直接目的是为当今人类的生活、工作服务,而其潜在的效益则是成为人类文化积淀的一部分,为后代人创造精神营养和提供借鉴。因此,设计具有传承性的特质。斯堪的纳维亚的设计就具有"有选择地、考究地利用材料"的传统特色,在要求发挥材料质地感的设计中,采取工业方法和手工艺方法相结合的途径,使木器、陶瓷满足多种不同的审美需要。

而我们这里强调要与既有产品形成一定的语意延承,是从设计认知和接受的角度考虑的。同功能的产品在风格特征和表现方式上应彼此接近,这样才能保持产品造型的格调一致和完整。如果在一个产品上引入形式类型和风格不同的符号元素,使产品之间在造型上差别太大或与已有产品完全不同,就会使人产生认知的混乱和语意的误解,进而影响顾客的接受度,如寻呼机形式的电子表、手枪式的打火机、汽车形式的电话机等。而产品语意的塑造要具有可理解性,避免让人产生认知上的障碍,那么符号元素的变化就不能过大,并要与既有产品形成一定的语意延承。如有些功能全新的产品刚刚被创造出来,还找不到表现自己的恰当形式,往往会借用和自己功能类似的已有产品的形式,最早的汽车的外形就是借鉴已有的交通工具马车的形状。后来,在马车形状的汽车逐渐被人接受认可后,通过设计改进才发展成流线型,并逐渐演化成今天这个样子的。

4.4
产品造型设计中符号学应用实例分析

产品的符号形态与其传达的信息之间的对应关系是如何形成的呢? 索绪尔曾说语言是任意的、约定性的符号。事实上,任何符号都是约定性的,即符号能指与所指的关系是人为指定的、习惯上承认的,约定性

是符号的本质特征。

产品形态可以解构成许多表意的设计符号,设计符号则还可继续分解成点、线、面、色等造型元素,当然,有些造型元素(造型语言、设计元素)本身也是一种设计符号。

我们知道,信息可区分为事实性和情绪性两种。事实性的信息给予使用者新信息,而情绪性的信息却用来刺激使用者的情绪。一个图像可以同时提供这两种信息,如红色的"停"交通标志,"停"字提供了事实性的信息,红色则提供了情绪性的信息。因此,抽象的点、线、面、色等应称为造型元素,而不是设计符号。乐音、色彩和线条都具有情绪含义,但它们还不是设计符号,而是造型元素,因为它们没有明确的意指行为,只能引起现实的情绪。由造型元素组成的独立的表意单位才能称为设计符号,产生审美意义。例如,线本身不表意,但长短、大小、疏密不同的线组合在一起却可以表意;撇、捺都不表意,但组合起来形成的"人"字却是表意的;色彩本身不表意,但如果我们对着太空舱的颜色说,这是一种宇宙色时,这时的色彩就是表意的,就是设计符号。造型元素与设计符号的唯一区别在于是否表意。

因此,设计形态要成为一种表情达意的设计符号首先要经过社会的约定。例如十字交叉的两个木棍,只有经过人的约定它才能具有宗教信物——十字架的含义。同样红色如果不经过约定也只是一种信号,但经过约定就可以表示停止、危险、革命等含义,从而成为符号。

皮尔士曾说:"一个符号对于某人的意义存在于他对这个符号所产生的反应之中,即一个符号可以引起一个解释者产生某种态度或行为方式。"他将这种三分法区分为:同感的、激发的、习惯的。按约定方式方法的不同,则将设计符号的应用分为因果性约定的、关联性约定的和激唤性约定的三种类型。

4.4.1　因果性约定的设计符号应用分析

因果性约定是因为还存在一种非因果的任意约定性符号。如语言符号基本上就是一种任意约定性的符号(除拟声词外),因为语言与意义的联系是社会规定的,每个民族都创造了自己的语言体系,还有一些人工符号也是任意约定性符号,如科学符号、手语、盲文等。而因果性约定是指在自然规律、环境因素、意识形态以及人的生理、心理、行为等的限定下设计符号所呈现的一种特定的形式。设计符号中有一部分是任意约定的,大部分则是因果性约定的。

从自然规律来说,作为一种设计符号,车轮总应是圆的,同样,凡是带有圆形的设计我们首先想到的也应该是它的旋转功能。再如,受地球引力的影响,不管哪个民族、哪个国家的人设计出来的门都不会是朝上开的,这是一种受自然规律支配、不约而同的约定。

从环境因素的角度来说,如东方人吃饭用筷子,西方人用刀叉。西方人用刀叉是他们狩猎的生活方式在饮食文化方面的反映,而东方人用筷子则与他们长期的农耕生活有关。现在,刀叉和筷子已经成为东西方文化的表征物,并经常被应用到设计中,成为设计符号。同样,西方的柱头和东方的斗拱也与早期西方的建筑多是石制的,而东方的建筑多是木制的有关。

从意识形态的角度来说,受宗教及文化等的影响,每个民族对器物设计都有不同的认识,并形成了各具特色的设计符号。如我国古代曾用"天子九鼎""诸侯七鼎"等规定来划分社会等级,表明社会身份,规范社会秩序,因此鼎就成了权利的象征符号,有所谓"一言九鼎"之说,而在西方权利的象征物则是剑。

就心理因素而言,人与物总在一定的时空关系中发生联系。特定的时空会使人产生不同的情感效应,适当的尺度空间会给人安全感,如果空间尺度超过了可感知的安全场的范围,人就会因缺乏依托而感到孤独和不安全。如将一个人安置在一个空荡的大房子里,他会选择靠近墙壁或墙角,而不是站在房屋中间,这是因为墙壁会使他产生安全感和依赖感。因此,婴儿床的空间设计就不能过大,过大的婴儿床会令孩子感到缺乏安全感而哭闹。当然,一些特殊用途的设计也可通过夸张的尺度关系使人产生心理上的依附感,如教堂设计可故意夸大人与建筑之间的尺度,从而营造出宗教的崇高感与人的渺小感,进而使人依附宗教而产生安全感。

在日本,曾有利用人的视觉心理成功减少交通事故发生的案例。如日本大阪府有座长 750 米的淀川大桥,由于桥面宽阔平直,驾驶员往往超速行车,导致交通事故不断。虽然大阪府有关当局在淀川大桥两侧设置了"限制车速"等交通标志,但收效甚微。1991 年 12 月 26 日,淀川大桥双向车道被漆上了对称的箭形图案,箭头的主向与该车道上汽车的行驶方向相反,结果自从箭形图案设置后,淀川大桥成了无人伤亡的零车祸的安全桥。这是因为箭形图案会让驾驶员产生车速与空间距离错觉,误认为桥面及车行道变窄了,而自己正在驾车高速飞驰;同时,驾驶员还会误认为前后行驶车辆间的空间距离变小了。在多种错觉效果下,驾驶员个个不由自主地放慢了车速行驶,从而收到了良好的效果。

当然设计中利用人视觉心理的例子还有很多,最常见的如交通信号灯,其红、黄、绿的颜色,就是因循人的视觉心理规律而建立的。

一般而言,在操作方式上,人的右手都较左手灵活(左撇子除外),更适合进行一些精细的作业,因此很多设计也都是针对右手进行的,并进而演化成为一种特定的设计符号。如两千多年前孔子就提出了"亵裘长,短右袂"(《论语·乡党》),这句话的意思是说平时穿的袍子要长一些,右边的袖子要短一些。长衫有利于塑造文人温文尔雅的气质,右边的袖子略短于左边,则有利于文人兴诗作赋。孔老夫子这种本身从行为方式的限定出发,对文人着装做出的规定,最后竟变成了文人雅会的标准服,并一直影响到了几千年后的孔乙己。

前面讲的是为适应人的行为方式而呈现的一种特定的设计形态,还有一种情况是受特定观念的影响为克服某种行为方式而形成的设计形态。如封建官员所用的乌纱帽设计得大而气派,头顶乌纱帽的人只有小心行事才能使帽子戴稳,这些行为的规范可为其造就异乎寻常的派头和架子,体现着威严和权力。因而乌纱帽也逐渐演变成中国权利的象征,并成了设计的符号和素材。再譬如小脚鞋、旗袍,通过对女性行走方式的约束和规范,达到了体现女性的完美身材和优雅形态的效果。这些设计从人机工程学的角度来说都是不合理的,但它们与当时社会的主流文化是相呼应的,是当时社会行为教育标准在产品设计方面的具体体现。这些都是因果性约定的设计符号在设计中的应用。

4.4.2　关联性约定的设计符号应用分析

视觉符号之所以可以辨认,是因为或多或少地"像"它所代表的事物或与某种行为相关联。关联性约定的设计符号,能指与所指(指称的事物)间具有某种类似性,能引起相似联想。如仿生的产品造型,产品形态与被抽象出的生物表象(轮廓)是有关联的,设计符号是对实在事物的模拟。以伊莱克斯公司的 Zanussi OZ 型冰箱为例,如图 4-3 所示,它那新颖的、憨态可掬的造型之所以获得消费者的认可,就是因为其采用了企鹅的外部形态。首先,它以象征性的抽象形来表现南极企鹅形态,令人自然而然地想到那冰天雪地的自然环境。企鹅是极地严寒动物,冰箱以它为造型基础生动地传达了其制冷的主要功能,同时企鹅大肚子状的冰箱门亦使人感觉到其内部存储空间的扩大。另外在人们的眼中,企鹅是一种很憨厚、很逗人喜欢的动物,冰箱以此为造型,不但在造型上是一个突破,而且可以从心理上打动消费者。

再如男女厕用人头像来标识,工业区用斧头来指示,商品包装箱印有玻璃杯意为"小心轻放",印有雨伞

图 4-3　Zanussi OZ 冰箱

意为"谨防潮湿"等,都是一种关联性约定。交通符号和礼仪符号中的大部分也是关联性约定的,符号与其表达的含义间具有某种关联性。如 21 响礼炮本意是表示弹药已经打完,现在过来是安全的,"安全"和"炮弹"之间具有关联性,只是衍生到今天安全的含义已经弱化消失,成为一种最高的接待仪式。

　　关联性的设计符号可以指称一些实在事物,也可以有象征功能。如用镰刀斧头象征工农联盟,用火炬象征斗争和光明等。象征是用感性符号意指知性、理性意义,而一般的关联性的符号不过是一种指代、比喻功用,它们不脱离感性水平。

　　关联性约定符号与因果性约定符号的区别在于:因果性约定符号一般来说是理应如此,否则难以有更好的选择;而关联性约定符号是不见得如此,只是因为有关联才被选用。如"小心轻放"用玻璃杯来加以表达是因为玻璃的易碎属性与"小心轻放"有关联,但易碎的东西绝不止玻璃杯,瓷碗、陶罐也都易碎,因此,选用瓷碗、陶罐还是玻璃杯并不是一定的,但无论选哪一个都得与"小心轻放"有关联性才行。

4.4.3　激唤性约定的设计符号应用分析

　　激唤性约定的设计符号能指与所指间有心理上的联系,即能激发某种情绪欲望,具有某种价值意义。如点、线、面、色、声等元素并不只是构成设计符号的材料,它们本身能与一定的情绪相对应,也可直接构成设计符号。事实上,在具体的设计中,人们常常是用视觉比喻把象征符号固定于心理感觉之中来传达语意信息的。如色彩的冷暖表现为喜怒哀乐;线条的粗细变化表现为动态或静态;有机或无机不同的符号要素可以通过各种不同的组合,产生丰富的形体,用以表达无数的变化和感情。

布鲁诺·赛维在《建筑空间论》中曾介绍了象征主义者所理解建筑艺术所使用的线条或形式符号的情感含义,水平线,与大地平行,它在人眼的高度上延伸,不会产生对其长度的幻觉,因而使人体验到一种内在感、一种合理性、一种理智;垂直线,使人中断他的正常观看方向而举目望天,垂直线在空中无限延伸,长度莫测,因此象征崇高的事物和无限性、狂喜、激情;直线与曲线,直线代表果断、坚定、有力,曲线代表踌躇、灵活、装饰效果;螺旋线,象征升腾、超然、摆脱尘世庶务;立方体代表完整性、肯定感;圆给人以平衡感、控制力;球体代表完满、终局确定的规律性,各种几何形体的互相渗透,象征着有力和持续的运动。再如色彩符号与一定的情绪相对应,红色热烈,所以是喜庆的标志;黄色显耀,是尊贵的标志;黑色沉重,是严肃场合的标志,等等。

对于这种纯形式的信息,我国著名美学家宗白华认为,我们主要应"赏玩它的色相、秩序、节奏、和谐,借以窥见自我的最深心灵的反应"。也就是说,形式中蕴涵的色相、秩序、节奏、和谐等信息可引起我们心理上的共鸣。

除视觉的点、线、面、色外,声音也能构成激唤性的设计符号。声音的高低急缓都与一定情绪相关,所以语调、警笛、钟声乃至音乐都有特殊的意义,可成为激唤性符号。如英国利兹大学发明了一种利用指向性声音来指示疏散的辅助寻路系统,并对此展开了一系列处于不同烟雾环境下的试验。在该大学里的一所已废弃的语法学校中,工程人员建造了一条复杂的通道,其路线包括了许多岔路口和楼梯,另外还有许多志愿者自愿参加测试,其中包括视力良好和视觉有障碍的人,并且还有儿童。在这所学校中弥漫着人工烟雾,每一个志愿者都被引导并经过外部紧急疏散楼梯来到位于一层的试验起点处。所以他们完全不清楚即将通过的路线是什么样子,也不会知道任何一个声标的含义,当声标和火警信号启动时,单个志愿者或人群进入了烟雾中。实际上,只有四个声标放在关键的位置上(主要位于防火门上),指示整个的路线。其中一个位于某一小段楼梯处,引导人流向上进入建筑物的中层,指示声标发出了雄劲有力的升调旋律,提示人们该上楼梯了。在另一点,向下可通往最终出口的主楼梯上,声标设定了降调的音乐,指引人们向下走。从起点到终点的过程中,声音变化得越来越急促,这样的设计是基于人的本能,即认为越来越快的信号变化代表了即将接近最终的目标,试验表明,这种声标的有效性是不容置疑的。在试验中,没有一个人转错了弯或者进错了房间,所有的参加者都认为,在声音中夹杂着能体现"上""下"信息的旋律引导了他们,而且不仅是在楼梯里,在水平疏散中它也起到了指引作用。最后结果表明,试验测定的疏散时间大大减少,甚至与视线良好时的实际应用时间基本一致,并且有趣的是,当建筑物里的烟雾完全散尽之后,有些参加者在没有指示声标的帮助下,完全靠视觉再次穿过此建筑物时,却走错了方向迷了路,虽说他们在几分钟之前刚刚走出过。这种声标在视线严重受阻的环境下,给予了现场所有的人一个可靠的帮助,靠着它提供的指向信息,人们可以在完全陌生的环境里减少迟疑,果断地选择道路,并且大大地降低了走错路线的可能性。

如前所述,约定性是符号的本质特征,关联性的设计符号和激唤性的设计符号都不是自然地被当作符号的,都要经过社会的约定,不经约定的只是信号而不是符号。如红色可引起兴奋的生理反应,因此它可以约定为多种意义符号,如热烈、喜庆、斗争、恐怖等。一般来说,关联性的符号具有认知功能,激唤性符号具有意向功能,而任意约定性符号则可以自由地发挥认知与激唤符号的功能。而且,任意约定性符号可以摆脱感性水平,达到知性、理性水平。所以,约定性是符号的本质特征。

苏珊·朗格在谈到艺术符号与艺术中的符号的差别时曾说,"艺术品并不是一个符号系统。在一件艺术品中,其成分总是和整体形象联系在一起组成一种全新的创造物。虽然我们可以把其中每一个成分在整体中的贡献和作用分析出来,但离开了整体就无法单独赋予每一个成分以意味"。因此,对产品意义的理解既要借助于设计符号,又不能囿于设计符号,要能"超以象外,得其圆中",进行整体的理解把握。

>>→ | 思考题 | ......

1. 符号学在哪些现代设计学科中应用较多？

2. 符号学中的能指与所指分别是指什么？

3. 现代符号学理论主要由哪几个方面建构而成？

4. 分析一件产品，解析产品要素、结构、功能几个方面中符号系统的应用。

5. 举例说明产品设计中符号的使用应遵循人的行为习惯。

6. 设计一款洗衣机，注意造型符号的运用。

Chanpin Sheji Chengxu yu Fangfa

第5章
产品人机工程设计

5.1
人机工程学概述

5.1.1 人机工程学与产品造型设计方法

人机工程学是以人的生理、心理特性为依据,运用系统工程的观点研究人与机械、人与环境以及机械与环境之间的相互作用,为设计操作简便省力、安全舒适、人—机—环境的配合达到最佳状态的工程系统,提供理论和方法的科学。上述定义中的"机"是泛指人操作或使用的产品,可以是机器,也可以是用具、工具、设施和设备等。而产品就是人机工程学中研究的一个重要方面,因此,在产品造型设计过程中,就不能脱离人的因素而设计,也不能脱离环境的因素而设计,更离不开人机工程学的基本理论和应用方法。

从设计这一范畴来看,大至宇航系统、城市规划、建筑设施、自动化工厂、机械设备、交通工具,小至家具、服装、文具及盆、杯、碗、筷之类的生活用品,总之为人类各种生产与生活所创造的一切"产品",在进行产品造型设计时,都必须把"人"的因素作为一个重要条件来考虑。所以,研究和应用人机工程学基本原理和方法就成为产品造型设计者所必须考虑到的方面。

人机工程学研究的内容及对产品造型设计的作用可以概括为以下五个方面。

1. 为产品造型设计中考虑"人的因素"提供一些参数

人体工程学中的人体测量学、人体力学、劳动生理学、劳动心理学等学科的研究内容,是对人体结构特征和机能特征进行研究,提供产品设计中的尺度,产品造型符合人的心理、生理特征的依据。

2. 为产品造型设计中"产品"的功能合理性提供科学依据

如果搞纯艺术造型的创作活动,不考虑人机工程学的原理与方法,那将是产品造型设计活动的失败。解决好"产品"与人相关的各种功能的优化问题,创造出与人的生理、心理机能相协调的"产品造型"就得考虑人机的相合性。通常,在考虑"产品"操作部件的功能问题时,如信息显示装置、操纵控制装置、工作台和控制室等部件的形状、大小、色彩及其布置方面的设计基准,都是以人体工程学提供的参数和要求为设计依据。

3. 为产品设计中考虑"环境因素"提供设计准则

通过研究环境中声、光、热、振动、粉尘和有毒气体等环境因素对产品造型的影响程度,确定了产品造型的适宜性。从而保证人体的健康、安全、舒适,为产品造型设计中考虑"环境因素"提供了分析评价方法和设计准则。

4. 为产品的系统设计提供理论依据

人机工程学的显著特点是,在认真研究人、机、环境三个要素本身特性的基础上,不单纯着眼于个别要素的优良与否,而是将使用"物"的人和所设计的"物"以及人与"物"所共处的环境作为一个系统来研究,在人机工程学中将这个系统称为"人—机—环境"系统。在这个系统中人、机、环境三个要素之间相互作用、相互依存的关系决定着系统总体的性能。本学科的人机系统设计理论,就是科学地利用三个要素之间的有机联系来寻求系统的最佳参数。

5. 为"以人为本"的产品造型设计思想提供工作程序

一项优良设计必然是人、环境、技术、经济、文化等因素巧妙平衡的产物。为此,要求设计师有能力在各种制约因素中,找到一个最佳平衡点。从人机工程学和工业设计两学科的共同目标来评价,判断最佳平衡点的标准,就是在设计中坚持"以人为本"的主导思想。

"以人为本"的主导思想具体表现在各项设计应以人为主线,将人机工程学理论贯穿于设计的全过程。人机工程学研究指出,在产品设计全过程的各个阶段,必须进行人机工程学设计,以保证产品使用功能得以充分发挥。

社会发展、技术进步、产品更新、生活节奏紧张……这一切必然导致"物"的质量观的变化,人们将会更加注重"方便""舒适""可靠""价值""安全"和"效率"等指标方面的评价。人机工程学等新兴边缘学科的迅速发展和广泛应用,也必然会将工业设计的水准推到人们所追求的崭新高度。

5.1.2　人机工程学中人的因素

1. 人的测量尺寸

人体尺寸是所有涉及与人有关设计中需面临的首要问题,也是基础性问题。人体测量的尺寸包括静态尺寸和动态尺寸。

静态尺寸是人体处于静止的标准状态下测量的。可以测量很多不同的标准状态和部位。如手臂长度、腿长度、座高等。结构尺寸较为简单,它对与人体直接关系密切的物体有较大关系,如家具、服装和手动工具等,主要为人体各种道具设备提供数据。

动态尺寸主要是指在工作状态或运动中的人体测量尺寸,它是人在进行某种功能活动时肢体所达到的空间范围,在动态的人体状态下测量而得的。它是由关节的活动、转动所产生的角度与肢体的长度协调产生的范围尺寸,主要解决许多产品空间范围、位置的问题。

虽说静态尺寸对某些设计很有用,但是对大多数设计而言,动态尺寸应用更为广泛。因为人是运动的,人体结构是活动可变的。使用动态尺寸时强调的是在完成人体的活动时,人体各个部分是不可分割的,不是独立工作的,而是协调动作。例如手所能达到的限度并不是手臂尺寸的唯一结果,它部分也受到肩的运动和躯体的旋转、背的弯曲等的影响,其功能是由手来完成的。在考虑人体尺寸时只参考人的静态尺寸是不行的,也应把动态尺寸考虑进去。

2. 人的力学指标

1)肢体的活动范围

肢体的活动范围受骨骼和韧带的限制,种族、性别、年龄、生活习惯对肢体的活动范围也有影响,儿童骨骼柔软、弹性好、活动范围较大;老年人骨骼和韧带趋于老化,活动范围变小;经常参加体育锻炼的人活动范围较不爱锻炼的人大。

设计操纵器具时,要考虑人肢体的活动范围,经常操作的或者是比较重要的操纵器应放在可以较轻松达到的范围之内,一般来说,比较轻松的活动范围仅为最大活动范围的一半左右。图 5-1 所示为人体上肢的活动范围。

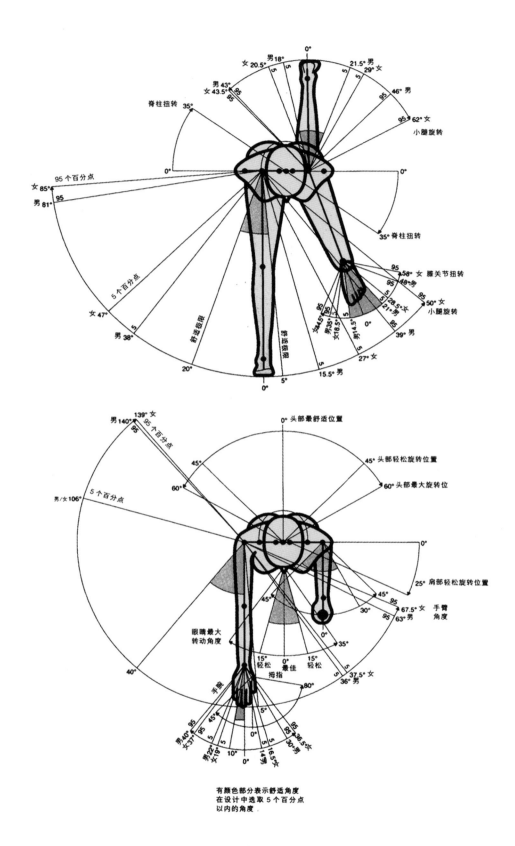

图 5-1　人体上肢的活动范围

2）人的肌力

肌力的大小因人而异,世界上有的大力士可以拉动一架大型喷气式客机,而缺少锻炼的成年人也可能"手无缚鸡之力"。一般来说,男性的力量比女性平均强 30％～35％。

年龄是影响肌力的显著因素,男性的力量在 20 岁之前是不断增长的,20 岁左右达到顶峰,这种最佳状态可以保持 10～15 年,随后开始下降,40 岁时下降 5％～10％,50 岁下降 15％,60 岁下降 20％,65 岁下降 25％。腿部肌力下降比上肢更明显,60 岁的人手的力量下降 16％,而胳膊和腿的力量下降高达 50％。

图 5-2 所示为在直立姿势下弯臂时,不同角度的力量分布,从图中可了解到在 70°处可达到最大值,即产生相当于体重的力量,这也是许多操纵机构（例如方向盘）置于人体正前上方的原因。

3）作业姿态

坐姿是人体最常用的休闲姿态,也是大多数脑力劳动者的工作姿态。随着技术的进步,有越来越多的人加入坐姿工作的行列,可以设想,坐姿是未来劳动者主要的工作姿态。坐姿对人健康的影响是和时间成正比的。即使设计不合理的坐具,短时间坐一坐不会对人产生影响。但对于那些一天八小时,一年三百天坐着工作的劳动者,不正确的坐姿会给身体造成永久的伤害。

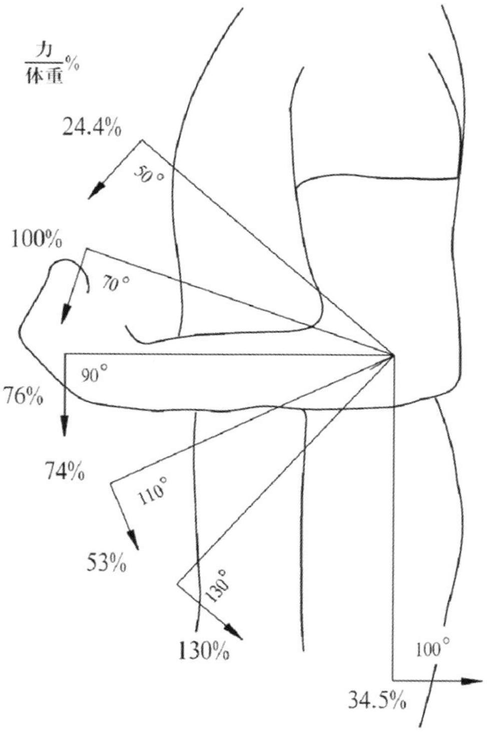

3. 人的感知能力

人的感知能力主要包括人的视觉、听觉、肤觉等。

1）视觉

视觉是所有感觉中神经数量最多的感觉器,其优点是:可在短时间内获取大量信息;可利用颜色和形状传递性质不同的信息;对信息敏感,反应速度快;感觉范围广,分辨率高;不容易残留以前刺激的影响。但也存在容易发生错视、错觉和容易疲劳等缺点。

人的视觉特性主要有以下几个方面。

（1）眼睛沿水平方向运动比沿垂直方向运动快而且不易疲劳;一般先看到水平方向的物体,后看到垂直方向的物体。因此,很多仪表外形都设计成横向长方形。

图 5-2　人体上肢不同姿势的肌力大小

（2）视线的变化习惯于从左到右、从上到下和顺时针运动。所以,仪表的刻度方向设计应遵循这一规律。

（3）人眼对水平方向尺寸和比例的估计比对垂直方向尺寸和比例的估计要准确得多,因而水平式仪表的误读率（28％）比垂直式仪表的误读率（35％）低。

（4）当眼睛偏离视觉中心时,在偏离距离相等的情况下,人眼对左上限的观察最优,依次为右上限、左下限,而右下限最差。视区内的仪表布置必须考虑这一点。

（5）两眼的运动总是协调的、同步的,在正常情况下不可能一只眼睛转动而另一只眼睛不动;在一般操作中,不可能一只眼睛视物,而另一只眼睛不视物。因而通常都以双眼视野为设计依据。

（6）颜色对比与人眼辨色能力有一定关系。当人从远处辨认前方的多种颜色时,其易辨认的顺序是红、

绿、黄、白,即红色最先看到。所以,停车、危险等信号标志都采用红色。

(7)当两种颜色相配在一起时,则易辨认的顺序是:黄底黑字、黑底白字、蓝底白字、白底黑字等。因而公路两旁的交通标志常用黄底黑字(或黑色图形)。

2)听觉

耳朵是听觉器官,它是由外耳、中耳和内耳三个部分组成。

人耳对高频声比较敏感,对低频声不敏感,这一特征对听觉避免被低频声干扰是有益的。人耳最佳的可听频率范围是 500～6000 Hz,处于接受语言和音乐频率范围的中段。人类的可听频率范围在 20～20000 Hz 之间,在高频区域,随着年龄的增长,听觉逐渐下降。

3)肤觉

皮肤感觉系统的外周感受器存在于皮肤表层。这些感受器受刺激时引起的神经冲动,经过传入神经达到大脑皮层的相应区域而产生各种肤觉,包括触、压、振、温和痛等感觉。肤觉在认识外部事物和环境中具有重要作用,可以在一定程度上补充或代替视、听觉的功能。

4. 人的信息传递与处理能力

人的信息传递与处理能力主要包括人对信息的接收、储存、记忆、传递和输出表达等方面的能力。

5. 人的操作心理状态

人的操作心理状态包括人在操作机器时的心理反应能力和适应能力,以及各种情况下可能引起失误的心理因素。

5.1.3 人机工程学中物的因素

1. 控制系统部分

物的控制系统部分主要分为操作力和控制器的形状两部分。

1)操作力

设计控制装置的时候要注意施力体位,避免静态施力,同时要提供操纵依托支点。操作力的大小和人的身体姿势有关系,也和产品的操作精度要求有关系。

2)控制器的形状

如图 5-3 所示,控制器的形状特征是将不同用途的控制器,设计成不同的形状,以使各控制器彼此之间不易混淆。它虽然可以通过视觉辨认,但主要通过触觉辨认。

在形状特征上应注意以下方面:控制器的形状应尽可能地反映控制器的功能,从而使操作者能从控制器的形状联想到该控制器的用途。控制器的形状应使操作者在无视觉指导下,仅凭触觉也能分辨出不同的控制器,因此,控制器所选用的各种形状不宜过分复杂。

2. 信息显示系统

信息显示装置是向人表达机器和设备的性能参数、运转状态、工作指令等信息的装置。按人接收信息的感受器官不同,可将显示装置分为:视觉显示装置、听觉显示装置和触觉显示装置(触觉传递装置)。触觉显示装置很少用到,听觉显示装置作为报警装置比视觉显示装置更具优越性。由于人的视觉能接收较长和复杂的信息,而且视觉信号比听觉信号更容易记录和贮存,所以视觉显示装置的应用最为广泛。

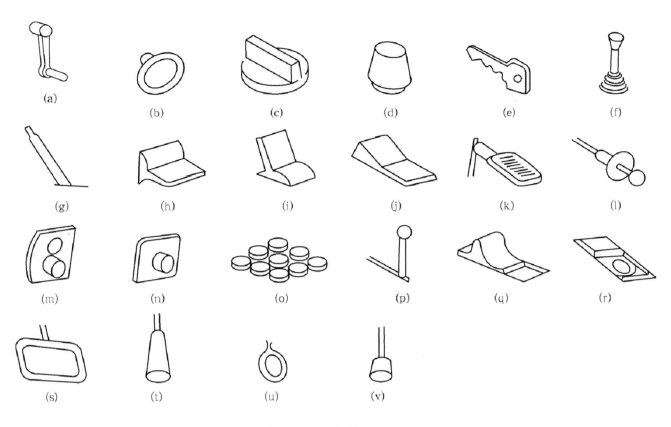

图 5-3   各种控制器的形状

3. 人机界面

从产品设计的角度来讲,界面分为软件界面和硬件界面。那么基于软件的产品就包括这两个部分,既有硬件的也有软件的,只有在软硬件相互匹配的情况下产品本身才更加完美,我们不能一味地追求软件界面的易用性,而忽视了传统的产品外观。因为产品的外观界面更容易被人看到和理解,对它的认识、评价和使用就相对简单。越复杂的高科技产品越难以把握其人机界面,软件界面往往具有很强的隐喻性,它的可视性没有硬件界面那么容易被理解。产品界面设计是产品造型设计的重要组成部分。

5.1.4   人机工程学中环境的因素

环境因素也是人机系统中的重要因素,产品的造型设计应与其使用环境相协调。影响人机系统的主要环境分为自然环境和人为环境两部分。自然环境主要是照明、温度、湿度、噪声、振动、布局、空间大小等。人为环境主要是个人空间社会因素、文化环境等。

同样是饮水的杯子,是运动场使用的还是家用的,是青年人使用的还是老年人使用的,是用来喝酒的还是品茶的,杯子的造型设计是形形色色,使用环境不一样其造型也差别很大。所以产品造型设计也应与环境相协调。

不同地域的设计表现出该区域的文化特点。美国设计的大气、德国设计的严谨、日本设计的精致、意大利设计的浪漫以及北欧设计的自然,这些设计风格的迥异主要是不同的文化背景所造成的。

5.1.5　人机工程学中人机环境系统设计

人机系统设计是人机工程学的重要组成部分,具有很强的综合性和实用性。图 5-4 所示为人机系统模型,它的意义是指出人机之间存在着信息环路,人机相互联系,具有信息传递的性质。这个系统能否正常工作,取决于信息传递过程是否持续有效地进行。人机系统设计把模型中的人、人机界面和机器共同作为目标进行设计。通常,人机系统模型在传统设计中往往忽略左半部分——人的设计。

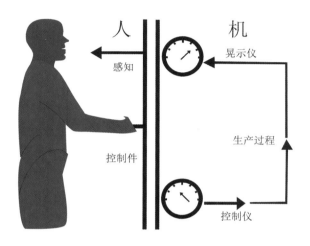

图 5-4　人机系统模型

5.2
人机工程学的设计方法

5.2.1　人机工程学设计原则

1. 以人为本的设计原则

在现代的设计理念里,人性化设计、情感化设计等其设计的出发点应以人为主体,通过对产品的造型设计、材料选择、使用环境等来满足人类的审美需求、使用心理感受等。所以其设计的出发点还是从人的角度,通过产品的造型设计使其更适合人的使用。

"以人为本"是人机工程学的核心思想。依据作业者的基本人体尺度、心理特性和生理特性,设计与之相适应的产品。这无疑是人机工程学发展至今的基本思路,即以"人的因素"为设计的出发点,力求使产品适应于人的尺度和特性。

以设计去被动地"适应"人,是人机工程设计最直接、最基本也是最简单的方式。其体现了"以人为本"的最初理念,保证了"人"在人机系统中的基础和核心地位,发挥了人在其中的主导作用。

2. 可调设计原则

在这里可调节设计原则主要是指产品的造型设计应符合人机尺寸的要求,因为不同的设计对象对产品的尺寸要求差别较大。为了使某个产品能适应更多的人群使用,其产品的长短、高低尺寸在设计的过程中应做成可调节的。如可调节座椅、折叠、抽拉产品等都是应用的可调节设计原则。

3. 系统性设计原则

人机系统是一个完整的概念,表达了人机系统设计的对象和范围,将人放在人机环境系统中来研究,从而建立解决劳动主体和劳动工具之间的矛盾的理论和方法。人机工程学的主要研究对象是系统中的人,但人机并非孤立地研究人,而是根据人的特性和能力,同时研究系统的其他组成部分,来设计和改造系统。所以说系统性设计原则是人机工程学主要的设计原则之一。

5.2.2　基于人体测量学的产品造型设计

人体测量学是人类学的一门分支学科,主要研究人体测量和观察方法,并通过人体整体测量与局部测量来探讨人体的特征、类型、变异和发展规律。人体测量学的目的是:通过测量人体各部位尺寸来确定个体之间和群体之间在人体尺寸上的差别,用以研究人的形态特征,从而为各种工业设计和工程设计提供人体测量数据。

1. 人体测量学与产品造型设计

人体测量学是人机工程学的重要组成部分。在进行产品造型设计时,为使人与产品相互协调,必须对产品同人相关的各种装置做适合于人体形态、生理以及心理特点的设计,让人在使用过程中,处于舒适的状态以及方便地使用产品。因此设计师应了解人体测量学、生物力学方面的基本知识,并熟悉有关设计所必需的人体测量基本数据的性质、应用方法和使用条件,才能设计出符合人机特性的产品造型。

2. 人体测量学在产品造型设计中的应用

百分位表示设计的适应域。在人机工程学设计中常用的是第五、第五十、第九十五百分位。第五百分位数代表"小身材",即只有5%的人群的数值低于此下限值;第五十百分位数代表"适中"身材,即分别有50%的人群的数值高于或低于此值;第九十五百分位数代表"大"身材,即只有5%的人群的数值高于此上限值。

1)人体尺寸的应用原则

(1)极限设计原则,有大尺寸设计和小尺寸设计两种。大尺寸一般选用99%、95%作为尺寸上限(如安全门、床等);小尺寸一般以1%、5%为尺寸下限。

(2)可调设计原则(至少达到适应域为90%,可满足98%的人的需求)。如设计汽车驾驶员座椅的调节范围时,为了使司机的眼睛位于最佳位置,获得良好的视野以及方便地操纵驾驶盘,高身材司机应将座椅调低,矮身材司机应将座椅调高,因此,对于座椅的高度调节范围的确定:需取坐姿眼高的95%和5%为上下限值为依据。

(3)平均设计原则(门锁、把手等)。

此设计原则可应用于锁、开关、照相机、打字机、计算机等。

2)人体尺寸的应用程序

(1)确定所设计产品的类型;

(2)选择人体尺寸的百分位数；

(3)确定功能修正量；

(4)确定心理修正量；

(5)产品功能尺寸的确定。

在产品功能尺寸的确定中，最小功能尺寸＝人体尺寸的百分位数＋功能修正量，最佳功能尺寸＝人体尺寸的百分位数＋功能修正量＋心理修正量。

人体尺度主要决定人机系统的操纵是否方便和舒适宜人。因此，各种工作面的高度和设备高度如操纵台、仪表盘、操纵件的安装高度以及用具的设置高度等，都要根据人的身高确定。以身高为基准确定工作面高度、设备和用具高度。

3)应用人体尺寸数据时应注意的要点

(1)必须弄清设计的使用者或操作者的状况，分析使用者的特征，包括性别、年龄、种族、身体健康状况、体形等。

(2)人体尺寸的统计分布一般是呈正态分布的，故按人体尺寸的平均值设计产品和工作空间，往往只能适合50％的人群，而对另外50％的人群则不适合。例如以最大肩宽的平均值设计舱口直径，将只有小于平均最大肩宽的一半的人可由该舱口出入，而大于平均最大肩宽的另一半的人则无法由此出入。又如一个不常使用的控制阀门需要安装在通过过道的架空管道上，手轮安装高度若以人体的平均高度设计，将只有50％的人伸出手臂才能够着阀门手轮的安装高度，而另外50％的人伸出手臂则够不着阀门的手轮，在紧急状态下将无法控制阀门。因此，一般不能以平均值作为设计的唯一根据。

(3)大部分人体尺寸数据是裸体或是穿汗背心、胸罩、内裤时测量的结果。设计人员选用数据时，不仅要考虑操作者的着衣穿鞋情况，而且还应考虑其他可能配备的东西，如手套、头盔、鞋子及其他用具。对于特殊的紧急情况也应予以考虑，例如在正常情况下99％的人可以顺利通过的通道，一旦失火，由于救护人员戴着头盔、身穿防火衣并且携带救护工具就可能无法顺利通过，因而要考虑非常情况下的宽度要求。

(4)静态测得的人体尺寸数据，虽可解决很多产品设计中的问题，但由于人在操作过程中姿势和身体位置经常变化，静态测得的尺寸数据会出现较大误差，设计时需用实际测得的动态尺寸数据加以适当调整。

(5)确定作业空间的尺寸范围，不仅与人体静态测量数据有关，同时也与人的肢体活动范围及作业方式方法有关。如手动控制器最大高度应使第五百分位数身体尺寸的人直立时能触摸到，而最低高度应是第九十五百分位数的人的触摸高度。

设计作业空间还必须考虑操作者进行正常运动时的活动范围的增加量，如人行走时，头顶的上下运动幅度可达50 mm。

5.2.3　基于人机信息界面的产品造型设计

1. 人机信息界面

人机信息界面包括环境信息、机器信息的显示与控制装置。显示装置是人机系统中，将机器的信息传递给人的一种关键部件，人们根据显示信息来了解和掌握机器的运行情况，从而控制和操纵机器。人机信息界面如图5-5所示。

按人接收信息的感觉通道不同，显示信息分为视觉信息、听觉信息和触觉信息。

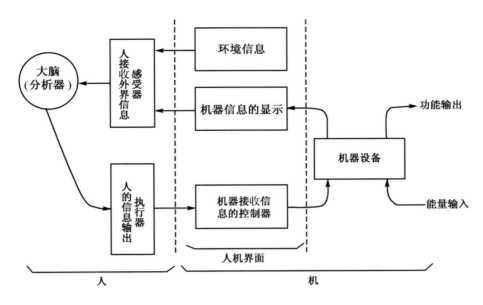

图 5-5　人机信息界面

第一，视觉信息。视觉是人与周围世界发生联系的最重要的感觉通道。外界 80% 的信息都是通过视觉获得的，视觉显示器也是人机系统中用得最多的人机界面。视觉显示要想易于感知和理解，必须满足三个基本要求：①能见性，即显示的目标容易被觉察到；②清晰性，即显示的目标不容易混淆；③可靠性，即要求显示目标意义明确，易于被迅速理解。

第二，听觉信息。在人机交流中视觉占主导地位，听觉是仅次于视觉的重要感觉。因为语言是人们自然交往的媒介，它也是一种合适的机器控制手段。人类从外界获得的信息有近 15% 是通过耳朵得到的。它须满足三个基本要求：①清晰可听性；②可分辨性，其声级、频率和间隔规律三个参数至少有两个与环境噪声有明显区别；③含义明确。

第三，触觉信息。触觉是人与机器直接互动的主要途径，也是操控机器的最重要的通道。触觉信号主要与操控装置相关，应保证操作者在生产中能安全、准确、迅速和舒适地连续操作。它应满足 5 个基本要求：①尺寸结构符合人体尺寸及操作方法；②操作方向符合规定及习惯；③操控反馈有指示；④操作要有一定的阻力；⑤要有一定的措施来防止误操作。

2. 人机界面实例

如图 5-6 所示，人手握剪刀剪东西时，人和剪刀构成简单的人机互动，剪刀的两个把手是与人操作有关的实体部分，而把手的形式、尺寸等对剪刀工作又有直接的影响。所以把手的形式、尺寸以及色彩也是人机界面要研究的一部分。

3. 产品造型设计中的界面

产品造型设计中具体的人机操作界面是由图形、符号、按钮、色彩等元素组成的，根据美学基本法则和人机工程学的基本原理，可将这些视觉元素进行合理的组合配置。首先整体的操作界面符合人机工程学的要求和当地人的操作习惯，操作简单、明了，让人易用、不易出错；其次要求整体的操作界面必须具有美感，才能满足在传达信息的同时给人带来精神上的愉悦。一个好的操作界面构图符合美学基本法则、符合人的生理和心理的需求，使用时能让人心情愉悦并带给人精神上的享受。

如图 5-7 所示，漂亮细长的高脚杯给人以优雅的感觉。当我们在温馨的灯光下，听着轻松的音乐，摇动

图 5-6　人机工程学剪刀

图 5-7　高脚杯

高脚杯,杯中的美酒会散发出诱人的香气。高高的杯身是优雅的象征,还可以避免手的温度影响到酒的原味,更重要的是在品酒时紧紧地握住酒杯并摇晃杯身,符合人机工程设计。同时由于接触面太小的原因,喝酒的时候就必须小心翼翼,就像女人穿上细细的高跟鞋,走起路来小心翼翼,但是动作是那么的优雅和动人。

4. 产品设计中的界面设计原则

在对产品进行人机界面设计时,必须遵循人机界面设计的几个原则和标准,我们按照它们的重要程度,将其进行以下分类。

1)以用户为中心的基本设计原则

在系统的设计过程中,设计人员要抓住用户的特征,发现用户的需求。在系统整个开发过程中要不断征求用户的意见,向用户咨询。系统的设计决策要结合用户的工作和应用环境,必须理解用户对系统的要求。最好的方法就是让真实的用户参与开发,这样开发人员就能正确地了解用户的需求和目标,所设计的系统就会更加成功。

2）顺序原则

顺序原则即按照处理事情的顺序、访问查看顺序（如由整体到单项、由大到小、由上层到下层等）与控制工艺流程等设计监控管理和人机对话主界面及其二级界面。

3）功能原则

功能原则即按照对象应用环境及场合具体使用功能要求,各种子系统控制类型、不同管理对象的同一界面并行处理要求和多项对话交互的同时性要求等,设计分功能区分多级菜单、分层提示信息和多项对话栏并举的窗口等的人机交互界面,从而使用户易于分辨和掌握交互界面的使用规律和特点,提高其友好性和易操作性。

4）一致性原则

一致性原则包括色彩的一致、操作区域的一致和文字的一致。即一方面界面颜色、形状、字体与国家、国际或行业通用标准相一致;另一方面界面颜色、形状、字体自成一体,不同设备及其相同设计状态的颜色应保持一致。界面细节美工设计的一致性使运行人员看界面时感到舒适,从而不会分散他的注意力。对于新运行人员或紧急情况下处理问题的运行人员来说,一致性还能减少他们的操作失误。

5）频率原则

频率原则即按照管理对象的对话交互频率高低设计人机界面的层次顺序和对话窗口菜单的显示位置等,提高监控和访问对话频率。

6）重要性原则

重要性原则即按照管理对象在控制系统中的重要性和全局性水平,设计人机界面的主次菜单和对话窗口的位置和突显性,从而有助于管理人员把握好控制系统的主次,实施好控制决策的顺序,实现最优调度和管理。

7）面向对象原则

面向对象原则即按照操作人员的身份特征和工作性质,设计与之相适应并友好的人机界面。根据其工作需要,宜以弹出式窗口显示提示、引导和帮助信息,从而提高用户的交互水平和工作效率。

人机界面的标准化设计应是未来的发展方向,因为它确实体现了易懂、简单、实用的基本原则,充分表达了以人为本的设计理念。

5.2.4　基于使用方式和使用环境的产品造型设计

使用方式是产品在使用过程中的动作和操作方法,在产品造型设计中可能会沿用以往人们习惯的使用方式,也可能会产生一些新的使用方式,并影响人们其他的行为。

1. 产品使用方式的要点

设计师们在基于产品的使用方式来进行产品设计时,必须认真分析使用方式的几个要点。

第一,用户需求。各种不同的需求构成了产品设计的动力。一般而言,与产品使用方式关系最密切的需求包括生理需求、心理需求。

第二,使用的行为过程。完成初步的用户需求分析后,设计师要描绘一个产品的使用行为图,这有利于设计时研究产品的使用环境。在产品设计的过程中,要考虑产品被使用的各个环节。

第三,使用环境。使用环境因素较为复杂,广义上的环境是影响产品使用的各种外部因素,如文化的因素,狭义上的环境可以认为是产品使用状态下的周边物理空间环境。环境因素包括气候、地理位置、产品周边状况、室内室外环境、使用场合等。

第四,使用时间。时间因素是产品使用方式中一个重要的构成内容。设计产品造型概念时,要考虑产品的整体使用寿命如何? 是一次性使用还是反复多次使用? 产品的部件打开的次数和频率如何?

第五,使用的要求和条件。产品在使用时会有一些限定条件和使用要求。这些使用条件包括产品抗挤压强度、承重强度、抗腐蚀强度、抗紫外线辐射强度、抗拉伸强度、防水性能等。在设定造型概念时,要通过采用合适的造型和选用合适的材料,来满足这些限定条件。

2. 在使用方式和使用环境下产品造型设计的方法

产品造型设计要考虑以下几个使用行为要素。

(1)产品形态要符合人机方面的使用要求。设定产品造型概念时,要考虑用户通过哪些身体部位来使用产品。

(2)操作行为过程。产品造型概念要适合用户操作,最主要的是要考虑人机关系,如产品的尺度是否适合操作,表面的形体是否适合诸如握、捏、旋转等使用动作。设定产品造型概念时,还要考虑人使用产品时的具体动作。如剪刀的设计,指甲剪和裁衣服的剪刀造型概念有很大区别,原因就是用户使用产品时接触产品的身体部位不一样,导致使用的动作不一样,这就要求产品造型概念要能满足各个操作动作。

(3)操作顺序。设定产品造型概念时,要考虑用户的操作顺序,产品部件的组合要符合操作逻辑。此外,使用的环境因素较为复杂,不同的使用环境,要求产品在形态处理、材料选择,甚至色彩上都要有所考虑,以满足用户使用的需求。

产品的使用方式是设定产品造型概念的基本依据。好的产品的预设用途应该与用户的需求相匹配,要达到这种良好的匹配关系,设计师必须先研究产品的使用方式,研究用户需求在"使用"时的具体表现形式,这些内容包括用户特征、使用环境、使用行为过程、使用条件限制以及使用的时间等要素。只有明确了这些要素,设计师设定产品的造型概念才有依据。产品使用方式所包含的这些要素,是一个产品的外部限定因素,这些因素是设计师组织产品内部造型因素的依据,是设计师统筹造型各方面因素的系统组织结构。研究产品的使用方式,确保了产品的易用性、可靠性,同时使产品的预设用途更加匹配用户需求。建立以研究产品使用方式为前提的产品造型概念,是开发出"好用的、易用的和用户真正希望拥有的"优秀产品的起点。

5.2.5　基于生活形态的产品造型设计

所谓"生活形态",是指现实生活中不同群体的生活样式或类型。人生活在由各种形态构成的空间里,这些形态在向人传达信息的同时,人也慢慢地读懂了其中各种形态语言,并总结出了其内在的规律,创作出了一定的形态语言来实现人与自然、人造物的沟通。对产品设计而言,产品的造型既是产品功能的载体,也是产品功能与用户沟通的媒介。人类通过创造产品来表达自己对生活的理解,也可以说产品造型能折射出人们的生活形态。具体人的生活形态构成如图 5-8 所示。

生活形态研究是研究不同生活形态下不同族群的生活观、消费观和传播观,从而发现和解读不同族群的需求密码,进而为目标消费群定位、品牌定位和品牌概念设计提供科学依据的研究方法。

1. 生活观

生活观主要指消费者的生活态度和心理,包括"工作观""休闲观""学习观"、"家庭观""权力欲望""交友

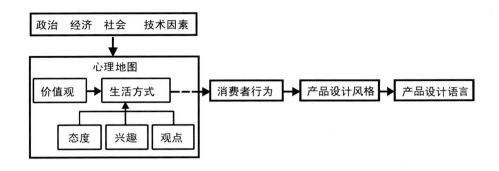

图 5-8　人的生活形态构成

观""爱情观""健康观念""流行感受"等。如许多年轻人都渴望成功,希望得到更多的机会,把握自己的未来;希望得到来自外界的认可;渴望自我价值实现带来的愉悦感。

2. 消费观

消费观主要指的是消费者的消费活动偏好和行为。如对某些商品(汽车、电子消费产品等)的购物习惯和购物心理、需求强度;对热门休闲活动(上网、健身、旅游度假、听音乐等)的需求强度和消费指数;也包括一些理财观念和"弃旧观念"(旧物使用观念)等。不同族群具有不一样的消费观和消费方式。有的消费者具有超前消费意识,因此他们属于时尚类型的,紧跟潮流,引导时尚;有的属于自保型,他们会考虑到自己是否有稳定的经济来源,维持家庭的经济保障,因此更加注重生活必需品,对于他人的影响力较弱;有的属于领袖型,他们就会追求产品的档次和品位,通过产品或者购买产品过程展现个人魅力和独特的消费观念。

3. 传播观

传播观主要指消费者的沟通特点和文化偏好。包括对主要的大众媒体(电视、广播、报纸、网络)的接触与喜好。不同消费群体的爱好以及生活习惯存在差异,如上班族,主要接触的是报纸和网络媒体,出租车司机主要接触的是广播等;还包括对大众信息(电影、电视剧、新闻节目、晚会等)接触偏好和主要的文化偏好等。

通过研究划分出不同的消费族群,以及归纳出各族群的生活形态特征,对其行为和心理等变量共同描述细分市场的结构,来发掘市场存在的空隙。对设计师而言,生活形态研究除了研究市场区分的作用之外,更重要的是从使用者的生活形态研究中获得设计的相关资讯,进而为产品的设计与开发提供重要依据。

(1)对消费者生活形态的研究,有利于发现不同消费族群的需求特征,设计师可以通过对消费者生活形态的研究来了解其购买动机、使用需求以及使用模式,进而为产品设定更合理的功能构造和使用情景。我们身边的产品有很多不尽如人意之处,常规的产品设计主要是对产品的外观造型、材质颜色以及局部的人机互动界面进行优化,使产品在视觉上更有吸引力,材质上更加合理,体现不同的生活品位,却没有从根本上改变产品存在的方式。发现生活中、工作中的不足,提出解决方案,发现需求。这些需求往往是消费者本身也未曾察觉到的,是设计师在引导他们走向更加舒适和合理的生活方式,率先满足这一需求,并率先建立品牌,从而实现在这一领域的成功。美的微波炉根据国人的生活饮食习惯,深刻理解我国消费者的生活形态特点,对微波炉进行技术创新,推出具有"蒸"功能的微波炉,从而在我国微波炉行业陷入价格混战、整个行业快崩溃的时候,通过创新带领行业走出困境。

(2)发掘潜在的产品设计机会。生活形态研究可以帮助设计师发现产品和服务的目标消费群,有利于对产品目标消费群的定位,帮助设计师发现使用者一些独特的习惯,以发掘产品设计上潜在的机会。在日

常生活中存在的很多不便之处,也能激发设计师为消费者提供各种形式的生活方式解决方案。分析消费者的生活形态,还可以为成熟的市场注入新鲜的活力,找到新的产品用途和新的市场。冰箱是一种成熟的产品,也是一种使用周期比较长的耐用品。在美国,可以说绝大部分的家庭都拥有冰箱。通常,它的市场增长潜力不大,然而,几家日本家电企业通过市场调查分析,设计了一款体积约为正常冰箱十分之一大小的微型冰箱,通过 USB 可以连接到电脑设备上,在办公室、单身公寓等场所使用非常方便。产品上市不久后,受到了单身年轻消费者的追捧,销售火爆。

(3)掌握消费者生活文化符号。生活形态研究可以帮助设计师了解消费者在各种文化冲击下特有的价值观,进而帮助设计师正确地掌握他们的生活文化符号特征,以利于新产品的开发。不同的年龄、民族、地区的消费者之间有着不同的文化特征,其爱好、追求、风格特点等表现得也不一样。根据消费者的生活文化符号进行设计,能促使消费者心理和产品精神层面的共鸣。

(4)使得企业的开发从一开始就强调形成自己的特色和品位,如在设计上、在功能上、在渠道的选择上、在促销和传播的方式上等形成企业自身的特色和品位。消费者喜欢到哪些地方,以及如何购买到企业的产品,可以通过对消费者的研究得到了解。以买电饭煲为例,有的消费者喜欢到大型商场或大型购物广场购买,有的喜欢到专卖店购买,还有的喜欢在网络上购买。这些消费者的比例有多大,有哪些类型,通过哪些方式购买等,这些都是电饭煲企业十分关心的问题。只有深入了解消费者的消费行为、消费心理和他们的生活方式,企业才能在产品的设计和推广上避免风险,获得最大的利润。

通过以上对生活形态的研究以及它在设计上的作用,设计师在进行某些产品设计时就可以“符合生活形态的设计”为出发点,找出产品设计的相关因素,探讨不同生活形态族群对产品设计因素的喜好,进而拟定产品的设计策略。

5.3
人机工程学设计理念

5.3.1 情感化人机系统设计

随着人们生活节奏的加快,生活压力越来越大。人们在生活中需要放松心情,释放压力,从而要求产品造型设计的情感化,使人和产品建立一种“情感化”的联系。情感化设计是人机工程学中用户心理和行为的理论在设计中的应用,是现代产品设计发展的一种趋势。

1. 情感化设计

现实生活中人与人之间的交流是通过语言来沟通,而物与人的交流主要是通过产品的形态来传达的。所以在产品的造型设计过程中,通过产品造型的设计来传递设计师和使用者之间的交流。例如座椅的造型设计,当设计定位是“新颖、时尚、舒适”时,设计者应按照用户的生理、安全、社会及自我实现需求对座椅的造型进行设计。座椅的基本功能就是供人休息、支撑身体、令人舒适。因此座椅的靠背设计通常采用符合人体脊柱形状的弧度进行设计,安全性设计主要考虑支架受力情况及外露部分是否进行了圆滑倒角处理。

而"新颖、时尚"的表现更要通过座椅的形态、材料来体现。为了体现"新颖",在形态设计上可以利用仿生设计原理,传达新的信息。为了体现"时尚"的座椅造型,在材料的选择上,可以采用金属和塑料材质,形态以流线型为主,表现出精致的制造工艺。

如图 5-9 所示的 HANSACANYON 加入灯光设计的水龙头,它可以第一时间告诉使用者水的冷热程度,HANSACANYON 由设计师 Reinhard Zetsche 和 Bruno Sacco 共同设计,水龙头采用了简约的直角设计,不过最令人赞叹的,还是水龙头加入了灯光装置系统,灯光会随着水温的改变由蓝色转变为红色,达到看得见温度的效果,避免双手碰触到过热或过冷的水,同时这一设计令水龙头融合了水柱色彩的变化,给生活增添了更多色彩。

图 5-9　HANSACANYON 水龙头

在造型形态方面,情感化设计多在形态上做文章。首先在这里我们要引进一个名词"通感"。通感从产品形态上讲是指形态给人所产生的联想和心理感受的统称。它不仅具有产品语义学中的内容,同时还包括对产品整体形象、姿态以及情感化造型的探讨和研究,形态的情感化主要通过通感的方法来体现。

产品的形态是最能激发人们联想,产生共鸣的元素。我们需要了解人们日常生活中对美好事物的认知经验,即人们一般认为什么是丑,什么是美,什么给人愉悦,什么给人悲伤。产品都是以特定的形态存在的,产品设计的过程也可以看作是形态创造的过程。情感化产品的形态设计则往往通过拟人、夸张、排列组合等手法将一些自然形态再现,从而给人呈现新的心理感受。

2. 拟人化设计

具有拟人化的产品,更有人情味,和使用者更容易亲近,达到情感上的共鸣。所以将人的因素融入产品中,再看到产品的时候就像看到人一样,便于感情的沟通。

(1)将产品中加入人的外形因素。人体形态本身就是一种美的化身,像某个产品具有人的小手、脚、鼻

子、眼睛等人身体某一部分的造型。这样让人直接联想到有生命的东西,赋予产品以新的生命力。在用人外形的时候应只做小部分的装饰,不可大面积使用,做到可爱、活泼即可。

(2)模仿人的表情。人有七情六欲、喜怒哀乐,将产品加入人的形形色色的表情,会给产品带来活力和生机。

(3)模仿人的动作。人类有一系列的优美动作,具有这些优美动作的产品,更具有美感。还有一些滑稽的动作,使产品的造型充满乐趣。

5.3.2 通用性人机系统设计

在通用性设计理念里,人群是一个需求和功能的连续统一体。通用性设计最大的特征就是满足特殊人群需求的同时,方便普通人群。而且更重要的是要在设计上掩饰其专为特殊人群的特殊考虑,消除特殊人群的自卑心理,使他们能够以与普通人群同样的心态接受这种产品。因此,它强调所有人群共同使用,没有区别、偏见或歧视。

通用性设计的理想目标是满足每个人的需求,然而,我们必须认识到并不是任何时候都能实现这个目标的。因此,通用性设计的发展实际上是一个不断前进和不断循环的过程。

1. 通用性设计的特征

(1)无障碍性。通用性产品对使用者在生理和心理上都是无障碍的。

(2)无差别性。通用性产品与普通产品在外表和产品使用上无明显的差别。

(3)市场广阔。通用性产品的使用对象是全体人,市场前景较为广阔。

(4)安全性。通用性是以安全性为前提的。

(5)可调节性。在有商业利润的前提和现有材料、工艺和技术等条件下,通用性产品必须具有足够的可调节性,尽可能使各种不同能力的使用者能够直接使用产品,无须任何修正和辅助装置。

(6)使用方式多样化。使用方式的多样化满足了使用人群的多样化,实现了不同人群间的通用性。

(7)协调性。如果有些使用者不能有效或舒适地直接使用产品,其修正或辅助装置必须与原产品在造型和功能上协调一致。

(8)其他特征。通用性设计不会改变原有的设计系统和生产过程,不会延长设计周期。

2. 通用性设计的内容及方法

1)通用性设计的内容

通用性设计的对象不仅仅是日常用品,还包括居住环境、公共信息类产品路标和信息牌、信号和警报系统、通信以及服务等。它追求的目标是创建一个人人都能平等参与的共同生活空间。它所涉及的学科包括人机工程学、人口统计学、心理学、人体测量学、生物力学以及相应领域的学科。通用性设计的内容必须建立在人机工程学的基础上。

2)通用性设计的方法

通用性设计与其说是一种方法,还不如说是一种理念。所谓的通用性设计方法是指在设计过程中实现这种理念的手段。实现产品通用性设计理念的方法主要有两种:可调节设计和感知通道功能互补设计。

(1)可调节设计。

可调节设计主要是指在设计过程中,以产品的可能使用范围作为产品尺寸等参量的值域,让用户在使第三,在子显示器较多,仪表板的总面积较大时,宜将仪表板由平面形改为弧形或折弯形。这样可以减少眼球的转动范围,而且遵循等视距的原则,减轻眼睛调节焦距的负担,减少疲劳。

第四,遵循操作流程,以动作节约原则设计子显示器的顺序。

第五,按照视觉观察特征,从左到右、从上到下、顺时针等来布置仪表。

第六,按功能分区的原则布置仪表。

5.4.2　操作类产品造型设计

作为人体双手的延伸——操作类工具的设计,它可以扩大人类的作业范围、提高工作效率。操作类工具的手柄尺寸、结构、形态都会影响操作者的握持力以及操作舒适度。不合理的操作工具如长久使用,将造成人们身体不适,更有甚者导致伤残和疾患(见图5-14)。特别是一些医疗设施的设计,如果因设计不当引起操作失误,往往会造成不可挽救的损失。所以操作类工具的人机工程学研究对于提高产品的可用性和安全性有着很重要的意义。

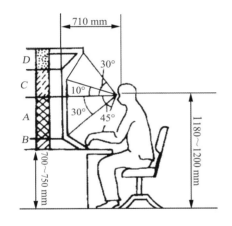

图 5-13　仪表布置的水平分区和垂直分区

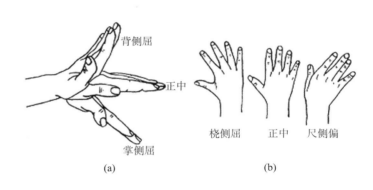

图 5-14　手的解剖及其与工具使用有关的疾患

1. 手持式产品的设计要求

(1)握持部分不应出现尖角和边棱。

(2)手柄的表面质地应能增强表面摩擦力。

(3)手柄不设沉沟槽,因其不可能与所有使用者的手指形状都匹配。

(4)使用时,手持产品手腕可以伸直,以减轻手腕疲劳度。

(5)当有外力作用于产品手柄时,应考虑推力、拉力和扭矩的同时作用。

(6)根据外力作用要求,确定手柄直径。

(7)应避免手持部位的抛光处理。

2. 手柄设计

在设计一件手持式产品时,最重要的考虑因素之一就是产品与手之间的接触面,即人机交互作用面,而手柄就是这种界面。在最简单的情况下,这种交互面采取了手柄的形式。在复杂的装置中,这种手柄就演变为控制面板。在输入信息复杂而又快速的场合中,需要手、脚并用进行操作,因而这种交互面又进一步发展成为多重人机交互界面。

手在握持中,手腕应尽量保持伸直状态,也应使其保持在它弯曲范围的中间位置,以确保施加在手上的力在传递到手臂的时候不会产生绕手腕转动的较大力矩,如图 5-15 所示的手柄设计。

手柄尺寸和手的大小配合关系十分重要。如果手柄太小,力量便不能发挥,而且可能产生局部压力(例如用一只非常细的铅笔写作)。但如果手柄对手来说太大的话,手的肌肉肯定也会在一个不舒适的情况下作业。

目前已有很多关于紧握力的研究。在大部分情况下,常以圆柱形手柄为对象。通过测试发现,直径为 30～40 mm 的手柄能产生最大的紧握力;直径为 60 mm 的手柄则适合于大手掌的人使用。当然,握力的评估不像人们想象中那么简单,根据手的力量,还必须考虑每次抓握的持久性。如果肌肉爆发力很短或它只需要实际可得力量的一小部分,那么就可以使持久性提高,疲劳减少。

3. 把手设计

把手直径:着力抓握时为 30～40 mm,精密抓握时为 8～16 mm;长度为 100～125 mm;形状为圆形、三角形、矩形、丁字形、斜丁字形等;弯角为 10°左右。

图 5-15 所示的铲刀有一个 Y 形手柄,它使压力施加在拇指的底部而远离手掌部位。但这种工具的传统设计是将直手柄与刀身连接起来。用户会以强有力握持方式握持手柄,以整个手掌握住工具。这种握持方式造成手柄粗大的一端直抵手掌的中心位置。工具的每次前推都会挤压手上最脆弱的掌心部位。相比之下,改良的 Y 形手柄能引导工具将力施加在手上不易受损的部位,如图 5-16 所示。

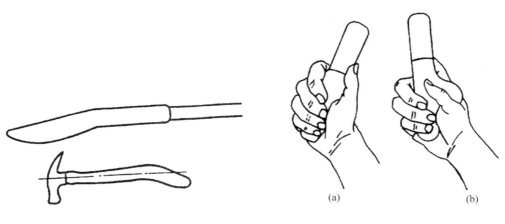

(a)　　　　　　　(b)

图 5-15　手柄设计　　　　　　　　图 5-16　把手设计

5.4.3　桌椅类产品造型设计

随着科技的发展和生活水平的日益提高,人们对座椅舒适性的要求越来越高,但是,现阶段我国产品设计师对座椅的设计手段相对落后,往往采用比照的方法,座椅的舒适性考虑得相对较少,因此采用人机工程学的原理和方法指导座椅的设计,已经成为座椅设计发展的必然趋势。

1. 座椅人机工程分析

座椅的人机工程设计离不开坐姿的分析,当座椅的形态曲线正好符合人的后背(特别是脊椎)的自然形态时,乘坐的人将感到最舒适。最早使用人体解剖学的观点研究舒适性的是瑞典的整形外科医生阿盖布罗姆。他在 1948 年发表的《站与坐的姿势》中,系统地论述了人体不同姿势对肌肉和关节的影响,并于 1954 年设计出了著名的阿盖布罗姆座椅靠背曲线。

如图 5-17 所示的座椅,是符合人体形态尺寸的座椅,有利于发挥其支撑人体的功能。以座椅设计为例,对座椅靠背的人机形态进行细致的分析,并应用遗传算法进行靠背的人机形态设计,最终得到了理想的效果。

靠背的人机形态应满足的人机工程设计要求如下。

1)良好的静态特性

座椅的尺寸和形状应使人坐姿合适,身体压力分布合理,触感良好,并能调整尺寸与位置,以保证坐时稳定舒适,操作方便,视野良好。

2)良好的动态特性

保持靠背良好的动态特性,其目的是缓和座椅运动过程中的冲击和振动,保证座椅用户可以长时间使用而不感到疲劳。由于坐姿是将人体直接竖直接触在座椅椅面上,而椅面高于地面,因此当座椅椅面有强烈的摇动时,人体的摇摆幅度也将很大。不过人体可以通过臀部肌肉和脊椎的关节减轻振动对上肢的影响,可是座椅靠背的摆动则是直接作用在人的脊背上,且靠背的振幅大于椅面的振幅,因此当振动时,靠背对人体上肢的影响还要大一些。

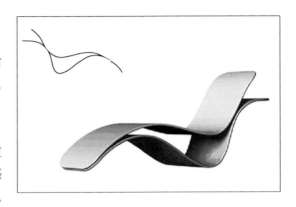

图 5-17　符合人机造型的椅子

3)结构紧凑,形态美观大方

紧凑的结构也是保证座椅强度的一个重要方面。

2. 坐姿时人体的结构分析

坐姿时人体的支撑结构主要有:脊椎、骨盆、腿。从座椅的设计观点看,这其中最为关键的部位是脊椎和骨盆,该部分承受着坐姿时人体的大部分体重负荷,所以良好的坐姿的必要条件是体重产生的压力能分布于各脊椎骨之间的椎间盘上,以及最适当、最均匀地静态负荷于所附着的肌肉组织上。

座椅对人体姿态的影响主要是前后的屈伸运动。人体在屈伸的过程中,胸椎的变形量很小,头和臀部没有变形,变形量最大的是颈椎和腰椎。

3. 人体座椅的基本尺寸

根据国家标准规定,工作座椅设计的座高应在 360～480 mm,座宽应在 370～420 mm(推荐值 400 mm),座深应在 360～390 mm(推荐值 380 mm),腰靠长应在 320～340 mm(推荐值 330 mm),腰靠宽应在 200～300 mm(推荐值 250 mm),腰靠厚应在 35～50 mm(推荐值 40 mm),腰靠高应在 165～210 mm,腰靠圆弧半径应在 400～700 mm(推荐值 550 mm),倾覆半径应为 195 mm,座面倾角应在 0°～5°(推荐值 3°～4°),腰靠倾角应在 95°～115°(推荐值 110°)。此外,标准还对座面、腰靠、支架、扶手等各部分做了要求。

4. 常见的几种座椅

1)膝靠式座椅

就人体骨骼的形态构造而言,坐姿因脊椎被强制改变自然曲度而形成的椎间压力使人在久坐之后容易感到腰酸背疼。站姿能够使脊椎处于自然状态,但长久支撑人体重量的下肢却容易疲劳。膝靠式座椅即是为了解决这一矛盾而被创造出来的。

膝靠式座椅是 20 世纪 70 年代由挪威设计师 Peter Opsvik、Oddvin Rykken、Svein Gusrud 等人基于 Hans Christian Mengshoel 的支撑胫骨的坐具研究成果而发明出来的。典型的膝靠式座椅包括 HAG 公司、斯托克公司(Stokke)的巴兰斯椅(Balans Chair)等。

膝靠式座椅设计有两个与人体接触的面,其中座面与竖直方向成 60～70°角倾斜(不同于普通座椅座面与竖直方向大致垂直),而臀部承受的压力则有一部分被分散到支撑胫骨的承托面上。通过降低膝盖对于骨盆的相对位置,迫使人采用上身前倾的坐姿,从而使脊椎保持自然曲度,减轻腰椎间盘的压力,放松背部肌肉(见图 5-18)。

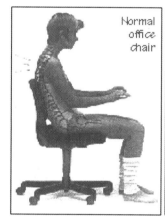

图 5-18　巴兰斯椅及其坐姿比较图

膝靠式座椅的设计另辟蹊径,并未遵循某一既定标准,反而创造了更能保障人的舒适与健康的全新座椅形式,体现了人机工程设计的另一思路,即通过设计主动地"引导"人以更为合理的方式生活和作业。这一思路的逻辑同样以"人"为核心,但不仅研究人"是"怎样的,而更关注人"应该"怎样,从而发挥设计的导向性作用,避害趋利,推动人向正面、积极、完善的方向发展。

2)"脊椎"扶手椅

"脊椎"扶手椅由意大利设计师艾米利奥·昂巴斯兹(Emilio Ambasz)、贾弗朗科·比莱迪(Giancarlo Piretti)为 CASTELLI 公司设计,先后获得 1979 年第 12 届 Smau 奖和 1981 年第 12 届金圆规奖。其杰出之处便在于它不仅能够适合人的脊椎骨骼,而且能够根据人体的不同坐姿而改变形态构成,以提供更舒适的支撑。

与常见的可手动调节高度、靠背倾斜度的座椅不同,"脊椎"扶手椅无须手工调节就能自动感应并响应用户变化着的需要,因而更适合频繁的、往复的,特别是无意识的坐姿调整:当身体挺直时,座椅就保持适应垂直坐姿的形态;当身体前倾完成书写等作业时,椅面前方就自动向低处倾斜 6°,使人的膝盖略低于骨盆,以保证脊椎呈现自然曲度;身体在放松后仰时,椅面会往前滑动,而椅背向后倾斜,再推一下,它的倾斜度能继续增加到 12°,使坐姿更加舒适。"脊椎"扶手椅提供了至少三种适合不同坐姿的形态,每一形态的设计都基于精确的解剖研究和严谨的矫形检查的成果,充分地适应人的身体尺度和生理特性,更为关键的是,它能够在此基础上又以形态适当地引导人以正确姿势作业(见图 5-19)。

由图 5-19 可以看到,"脊椎"扶手椅的设计建立了一种真正的人机"互动"关系,即人根据作业和自身需

图 5-19　"脊椎"扶手椅示意图

要自主地选择和调整坐姿,座椅据此实时、自动、变化地反馈以相应的形态以适应之;同时,座椅的适应不是盲目、被动的,而是以预定的、有依据的形态进一步引导着人呈现合理的坐姿。其中人与座椅都影响对方,也都被对方所影响,两者各自发挥主动性,相互协调、相互校正,共同实现理想的作业模式。

5.设计案例分析

设计定位:针对办公室一般职员而设计,在春夏季节使用,以工作使用为主,兼有部分休闲功能。

1)使用环境分析

本款座椅主要在春夏季节使用,使用场所一般为办公室,春季天气温暖,夏季较为炎热,虽然现在办公室都有空调,但比较突出的问题是坐在座椅上几个小时后,臀部也会潮湿、发热。

2)用户分析

用户主要为公司的一般职员,年龄一般在 18～35 岁。这个年龄段的用户身体发育已基本完成。一般都比较有个性,追求时尚潮流,彰显自我,具有很强的自信心理,希望在工作中体现自己的价值或得到他人的认可。

经常出现的问题:腰酸背疼,疲劳。在调查中,当问到对工作座椅有什么要求时,调查对象不止一个人告诉笔者:希望能躺在工作座椅上休息。有的人坐在椅子上几个小时后,感觉大腿麻木。

3)使用过程分析

用户在使用座椅时,他们的坐姿并不是固定不变的。"从坐在座椅座面的方式看,人们坐在座面前缘、中间和后缘的比例不同,而且使用靠背和桌面支撑身体的方式也不同"。经过分析我们就会发现,脊柱的直腰坐原则与肌肉的放松存在矛盾,这也是座椅设计具有高难度的地方,而且有的时候,用户不一定按要求去使用座椅。事实上,没有一把椅子能满足用户的所有要求,只能在一定程度上部分满足。

4)工作座椅设计效果图

如图 5-20 所示的工作座椅效果图,腿部支撑板不使用时,可收起置于座面下面;使用时直接按着支撑板上面的红色按钮,使支撑板板面处于与水平面平行的状态。

如图 5-21 所示,当需要伏案工作时,座面与靠背一起随身体前倾;后仰休息时,座面和靠背一起后倾;在椅子的底部支持部分,内置一个电瓶,当坐在椅子上休息时,可根据个人爱好,让座椅以 N 转/分的速度旋转($N=1,\cdots,15$),让用户体验儿时玩旋转木马的感觉。

图 5-20　工作座椅效果图

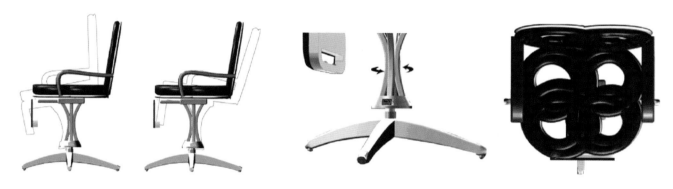

图 5-21　靠背和座面的使用状态及其他

5.4.4　作业岗位设计

1. 作业岗位的类别及其特点

作业岗位按人作业时的姿势分坐姿岗位、立姿岗位、坐立交替岗位三种。

1)坐姿作业岗位

坐姿是为从事轻作业、中作业且不要求作业者在作业过程中走动而组织的作业岗位。其岗位特点为：

(1)在坐姿范围内,短时作业周期需要的工具等易于拿取；

(2)移动物体的平均高度不超过工作面以上 15 cm；

(3)搬动物体的重量不超过 4.5 kg,否则要用机械助力；

(4)大多数时间内从事精密装配或书写工作。

2)立姿作业岗位

立姿是为从事中作业、重作业且坐姿受到限制的情况下而组织的作业岗位。其岗位特点为：

(1)在作业空间中不具备坐姿的容膝空间；

（2）作业中常常需要移动超过 4.5 kg 的物体；

（3）作业者需要在其前方的高、低或延伸可及范围内进行操作；

（4）要求作业位置是分开的，并需要作业者在不同的作业岗位之间经常走动；

（5）作业者需要完成向下方施力的作业。

3）坐立姿交替作业岗位

因工作性质、工作任务的不同，要求操作者采用不同的作业姿势来完成工作，为此组织了坐立姿交替工作岗位。其岗位特点为：

（1）经常需要完成前伸超过 41 cm 或者高于工作面 15 cm 的重复操作；

（2）对于复合作业，有的需要坐姿，有的需要立姿。

2. 作业岗位的选择

在进行人机系统设计时，选择哪一类作业岗位，必须依据工作任务的性质来考虑，一般如图 5-22 所示。

参数	重载和/或力量	间歇工作	扩大作业范围	不同作业	不同表面高度	重复移动	视觉注意	精密操作	延续时间>4小时
重载和/或力量		ST	ST	ST	ST	S/ST	S/ST	S/ST	ST/C
间歇工作			ST	ST	ST	S/ST	S/ST	S/ST	S/ST
扩大作业范围				ST	ST	S/ST	S/ST	S/ST	ST/C
不同作业					ST	S/ST	S/ST	S/ST	ST/C
不同表面高度						S	S	S	S
重复移动							S	S	S
视觉注意								S	S
精密操作									S
延续时间>4小时									

S=坐姿；ST=立姿；S/ST=坐或立姿；ST/C=立姿，备有座椅

图 5-22　推荐的作业岗位选择依据

第一，坐姿手工作业岗位（见图 5-23）。

第二，立姿手工作业岗位。

第三，坐立姿交替手工作业岗位。

5.4.5　作业空间设计

1. 作业空间

人与机器结合完成生产任务是在一定的作业空间进行的。人、机所占的空间称为作业空间。按作业空间包含的范围，可把它分为近身作业空间、个体作业场所和总体作业空间。

1）近身作业空间

近身作业空间指作业者在某一位置时，考虑身体的静态和动态尺寸，在坐姿或站姿状态下，其所能完成作业的空间范围。近身作业空间包括三种不同的空间范围，一是在规定位置上进行作业时，必须触及的空间，即作业范围；二是人体作业或进行其他活动时（如进出工作岗位，在工作岗位进行短暂的放松与休息等）人体自由活动所需的范围，即作业活动空间；三是为了保证人体安全，避免人体与危险源（如机械传动部位

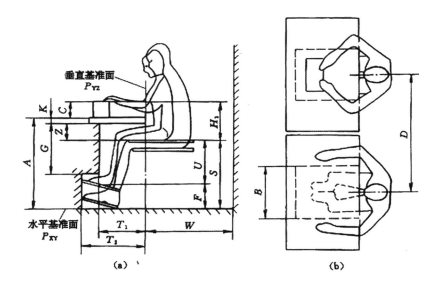

图 5-23　坐姿手工作业岗位

等）直接接触所需要的安全防护空间距离。

2）个体作业场所

个体作业场所指操作者周围与作业有关的、包含设备因素在内的作业区域，如汽车驾驶室。

3）总体作业空间

不同的个体作业场所的布置构成总体作业空间。总体作业空间反映的是多个作业者或使用者之间作业的相互关系，如一个车间、办公室等。

2. 作业空间设计

作业空间设计，从大的范围来讲，就是组织生产、生活现场，把所需要的机器、设备和工具，按照生产任务、工艺流程的特点和人的操作要求进行合理的空间布局，给人、物等确定最佳的流通路线和占有区域，提高系统总体适用性和经济性。从小的范围来讲，就是合理设计工作岗位，以保证作业者安全、舒适、高效工作。

美国宇航计划草创之初，肯尼迪总统便委任设计师罗维为国家宇航局 NASA 的设计顾问，从事宇宙飞船内部设计、宇航服设计及有关飞行心理方面的研究工作。在宁静的太空，如何使宇航员在座舱内感到舒适、方便，并减少孤独感，这是工业设计的一个新课题。罗维对此进行了深入研究，提出了一套航天工业设计的体系与方法，并取得了巨大的成功。当宇航员完成阿波罗登月飞行之后，从太空向罗维发来电报，感谢他完美的设计工作。图 5-24 所示是罗维为宇宙飞船内部设计所做的分析图。

3. 作业空间设计的一般要求

1）近身作业空间设计应考虑的因素

（1）作业特点。

人们所从事的工作内容和性质可以有很大差别。性质和内容不同的工作，对作业空间的要求自然会有所不同。例如：车床操作工作所要求的作业空间应比汽车、飞机驾驶员的作业空间大得多；高温作业比常温作业的作业空间大；体力作业比脑力作业的作业空间大；动态作业比静态作业的作业空间大。总之，作业空间的大小尺寸与构成特点，都必须首先服从工作需要，要与工作性质和工作内容相适应。

图 5-24　罗维为宇宙飞船内部设计所做的分析图

（2）人体尺寸。

在很多工作中，作业空间设计需要参照人体尺寸数据。特别是在一些空间受限制的作业环境中，人体尺寸更是作业空间的设计依据。作业空间设计中，有的要以使用者总体的第五百分位数的人体尺寸为依据。例如，楼梯踏级宽度的设计。有的作业空间要以使用者总体的第五十百分位数或平均人体尺寸为依据。例如，工作面高低的设计。有的作业空间以使用者的第九十五百分位数的人体尺寸为依据。例如，座位宽度、门框大小等的设计。有的作业空间则必须参照功能人体尺寸来设计。有些特殊作业空间，还需根据特定人体尺寸来设计。

（3）作业姿势。

人们在工作中，通常采用的姿势有三种，即坐姿、立姿和坐立交替结合姿势。某些特殊情况，例如车辆检修、设备维修等，有时采取卧姿、跪姿或俯姿工作。显然，采用不同的姿势需要占用的空间不同。因而在设计作业空间时，必须对操作者的作业姿势有所考虑。

（4）个体因素。

设计作业空间还应考虑使用者的性别、年龄、人种、体型因素。男性身体尺寸一般大于女性。专供女性使用的作业空间可比男性专用或男女通用的作业空间设计得小一点。不同年龄阶段位用的作业空间应有不同要求。人种和体型也是设计作业空间要考虑的因素。

（5）维修活动。

在许多人机系统中，需要定期检修或更换机器部件。设计操作工位的作业空间时，必须考虑维修活动对作业空间的需要，维修活动空间是根据维修中的位置来考虑的。需维修的部件可能在机器的内部，也可能在机器的外部或后侧部。进行工位设计和机器布置时应为维修机器的各种部件留出维修活动所必需的

活动空间。

2)作业场所布置原则

作业场所的布置是在限定的作业空间内,设定合适的作业面后,显示器与控制器(或其他作业设备、元件)的定位与安排。任何设施都可有其最佳位置,这取决于人的感受特性、人体测量学与生物力学特性以及作业性质。对于某一作业场所而言,由于设施众多,不可能每一个设施都处于其本身理想的位置,这时必须依据一定的原则来安排。从人机系统整体来看,最重要的是保证方便、准确操作。据此可确定作业场所布置的总体原则。

(1)重要性原则。

根据机器与人之间所交换信息的重要程度来布置机器。将最重要的机器布置在离操作者最近或最方便的位置。因为对这类机器的误传递信息和误操作,可能会带来巨大的经济损失。

(2)使用频率原则。

根据人、机之间信息交换频率来布置机器。将信息交换频率高的机器布置在操作者近处,便于操作者观察和操作。

(3)功能原则。

根据机器的功能进行布置,把具有相同功能的机器布置在一起,以便于操作者记忆与管理。

(4)使用顺序原则。

根据人操作机器或观察显示器的顺序规律来布置机器,可使操作者作业方便、高效。

3)总体作业空间设计的依据

总体作业空间设计随设计对象的性质不同而有所差别。对生产企业来讲,总体作业空间设计与企业的生产方式直接相关。流水线生产企业,车间内设备按产品加工顺序逐次排列;成批生产企业(如机械行业)同种设备和同种工人布置在一起。由此看来,企业的生产方式、工艺特点决定了总体作业空间内的设备布局,在此基础上,再根据人机关系,按照人的操作要求进行作业场所设计及其他设计。

总之,在进行作业空间设计时应结合操作任务要求,以人为主体进行设计。也就是首先考虑人的需要,为操作者提供舒适的作业条件,再把相关的设施进行合理的排列布置。

5.4.6　人机系统总体设计

工业设计的设计观是"以人为本",为人类服务是设计的目的所在。人机工程学中研究的对象是"系统"中的人。所以说工业设计和人机工程学的共同特点是研究人,研究人的生活和工作方式,以便改善人的生存条件和提高工作效率。

1.人机系统设计的基本概念

1)人机系统的定义

人机系统是由相互作用、相互依存的人和机器两个子系统构成,能完成特定目标的一个整体系统。

2)人机系统的组成

人机系统由人、机、环境组成。

3)人的主导作用

确定人机系统中人的主导地位,是人机工程学的一个基本思想前提。让人的因素贯穿设计的全过程,是人机工程学的重要实践原则。

4）人机界面

人机界面是系统与用户之间进行交互和信息交换的媒介。

2. 人机系统总体设计

系统设计必须分为一系列具有明确定义的设计阶段,且每个阶段的设计活动和任务是明确的。总体的意义是强调人机系统的各个成分,其设计的目标是,使系统的每个成分都为实现系统目标而能够协调一致地发挥各自的功能。设计阶段具体如下:

第一,定义系统目标和参数阶段;

第二,系统定义阶段;

第三,初步设计阶段;

第四,人机界面设计阶段;

第五,作业辅助设计阶段;

第六,系统验证阶段。

3. 人机系统总体设计程序

1）定义系统目标和作业（使用）要求

第一,系统目标是比较抽象概括的文字叙述,如飞往月球的可回收宇宙飞船,要着重说明目标是什么,它的性质、内容。

第二,系统作业要求,进一步说明为了实现系统目标,系统必须做什么,做的标准是什么,如何衡量。

一般从以下几个方面调研:系统的未来使用者、目前同类系统的使用和操作、使用者的作业需求、确保系统目标能实现使用者的需求。

2）系统定义

第一,系统定义阶段是"实质性"人机工程学设计工作的开始。

第二,系统目标和作业要求已经为系统定义提供了概念基础。

第三,系统定义是对系统的输入、输出和其功能的定义。系统必须完成自己的功能任务,才能实现系统的目标。系统的功能定义是与输入和输出的定义同时进行的。

第四,系统定义应避免功能分配,只定义功能是什么,不定义怎样实现功能,尤其不能将功能马上分配给人和机。

第五,整理有关使用者群体资料。

3）初步设计

（1）功能分配与分析方法。

功能分配是指把已定义的系统功能,按照一定的分配原则,分配给人和机。有的系统的功能分配是直接的、自然的,但有些系统的功能分配需要详细的研究,根据人、机的特性,合理分配。对于由人实现的系统功能,必须研究:①人是否有能力实现该功能;②人是否乐意长时间从事这一工作。

（2）作业要求。

作业要求主要指作业品质的要求,例如精度、速度、技能、培训时间、满意度等。设计者必须确定作业要求,并作为以后人机界面设计、作业辅助设计的参考依据。

（3）作业分析。

作业分析是按照作业对人的能力、技能、知识、态度的要求,对分配给人的功能做进一步的分解和研究。即将分配给人的系统功能分解为使用者能够理解、学习和完成的作业单元。每一个作业单元的定义形式就

是它的输入和输出,是一个有始有末的行为过程。

(4)人机界面设计。

人机界面设计主要是指显示、操作以及它们之间的关系的设计。人机界面设计需要考虑的子项目有显示装置、操作装置、作业岗位、作业空间、作业环境等。

人机界面设计三步走:

①尺寸、参数计算,绘制平面图;

②功能模型测试,确定实际产品、空间的适宜性;

③实际尺寸模型验证。

(5)作业辅助设计。

为了获得高效能的作业以及产品,必须设计各种辅助技术和手段,如产品说明书(解释用说明书和操作用说明书)。

(6)系统检验。

系统设计最后通过生产制造,成为一个实实在在的产品。其中每一个阶段,每一个环节,每一个部件都要经过检验,然后整个系统再作检验。设计和检验、制造和检验都是密不可分的。

人机系统检验主要是检验人机系统是否达到了系统定义和设计的各种目标,验证人的作业效能等。

≫➔ ▎思考题▎ ……

1.关于儿童学习桌的尺寸设计:儿童的心理和生理特性是什么?儿童需要什么样的学习桌?

2.关于老年人手机造型设计:老年人需不需要手机?老年人需要什么样的手机?

3.以“开”为题目设计一扇门。在日常生活中我们会遇到各种各样的门,对于有的门而言,当我们站在门口时,经常要考虑的是这门如何打开呢?是推,还是拉?有的门为了解决这个问题,在门上贴一字“推”或“拉”,如果不在门上贴字就能让人知道门是“推”的或是“拉”的,那么这类门的设计该如何来进行?

4.深入观察自己的家庭生活形态,发现其中的显示装置的问题,以人机工程学为切入点,改良或者创新设计一个显示装置,解决生活中的实际问题。

设计要求:

(1)可以是单一的显示方式,也可以整合多种显示方式。

(2)设计出的显示装置包括人机显示界面、外在形态与显示界面的相合性等。

(3)以草图的方式表现出来,版面大小为 A4。

5.如何设计厨房的空间?

(1)根据厨房的功能分区设计,以保证设计的易用性和合理性;

(2)厨房的空间组合及变化,满足不同消费者的使用需求。

图 6-7　音响实物模型方案 1

图 6-8　音响实物模型方案 2

6.2
"真空包装机"产品造型设计

"真空包装机"产品造型设计如图 6-9～图 6-39 所示。

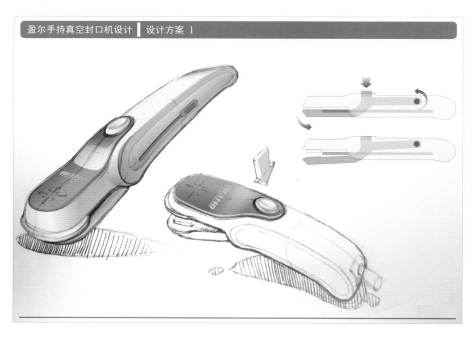

图 6-9　手持真空封口机设计方案 1

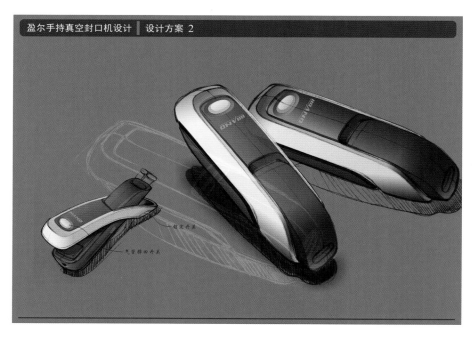

图 6-10　手持真空封口机设计方案 2

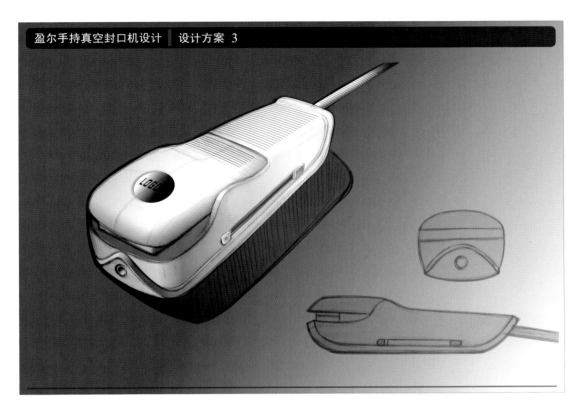

图 6-11 手持真空封口机设计方案 3

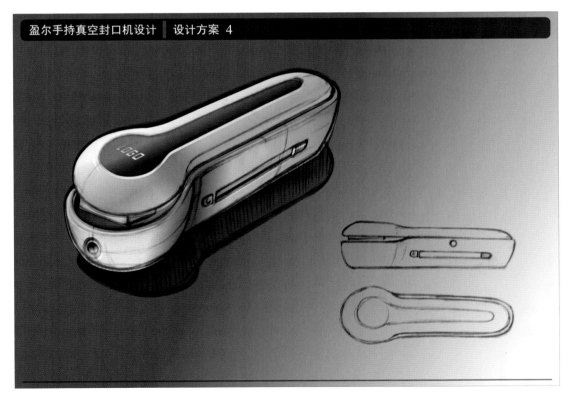

图 6-12 手持真空封口机设计方案 4

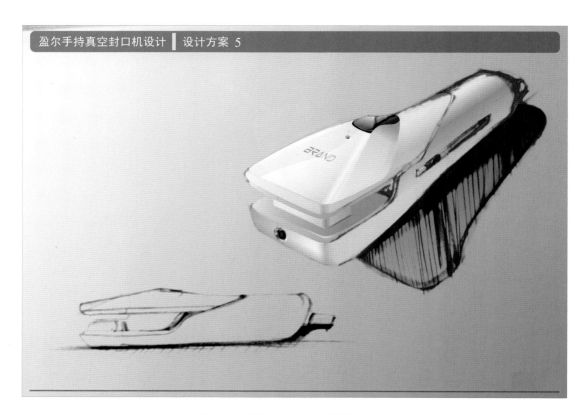

图 6-13　手持真空封口机设计方案 5

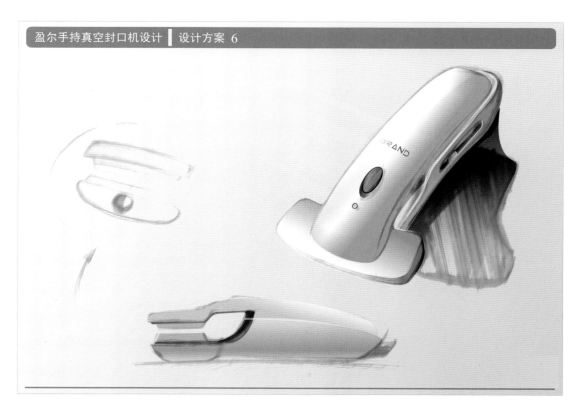

图 6-14　手持真空封口机设计方案 6

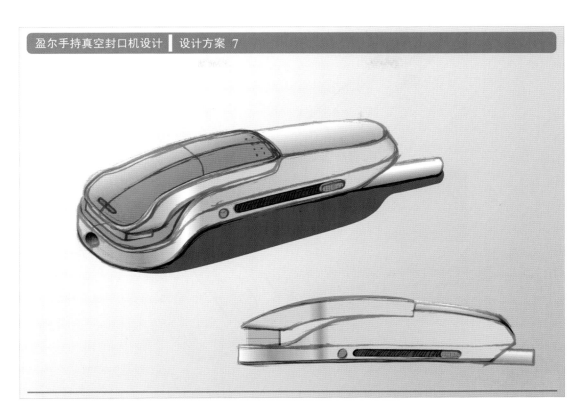

图 6-15　手持真空封口机设计方案 7

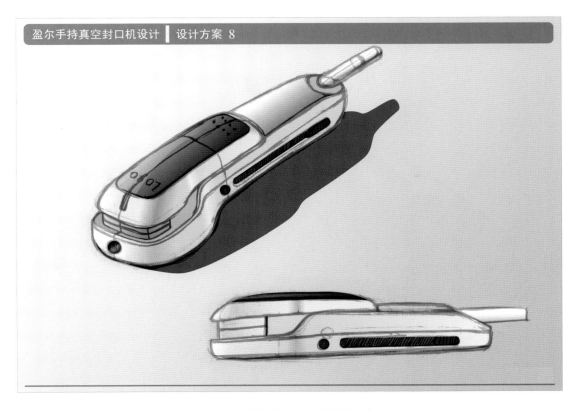

图 6-16　手持真空封口机设计方案 8

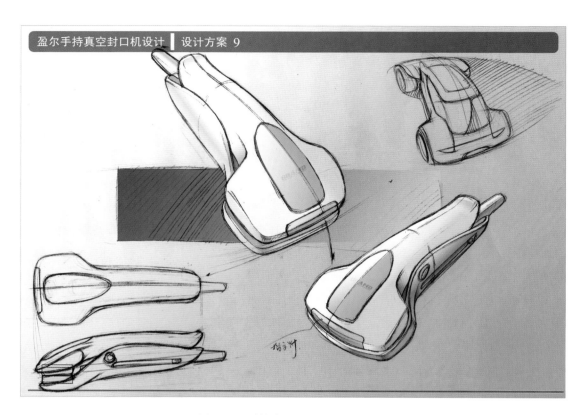

图 6-17　手持真空封口机设计方案 9

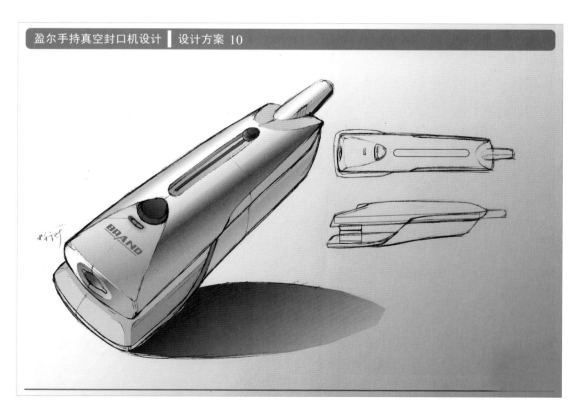

图 6-18　手持真空封口机设计方案 10

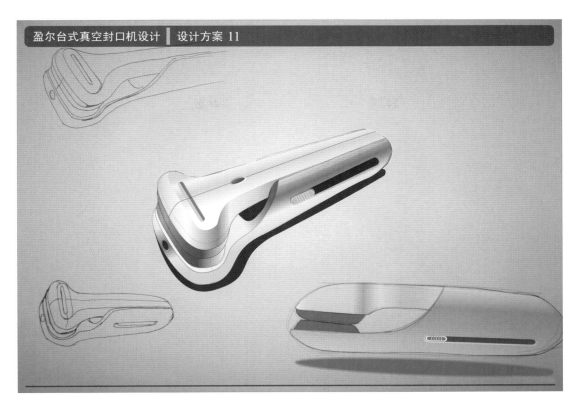

图 6-19　手持真空封口机设计方案 11

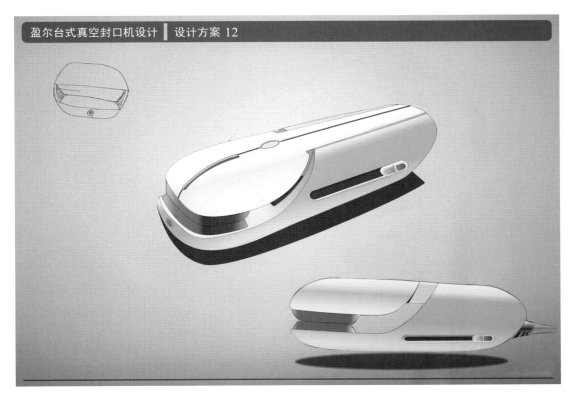

图 6-20　手持真空封口机设计方案 12

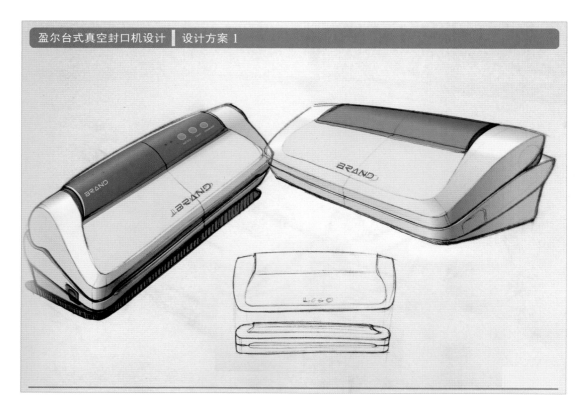

图 6-21　台式真空封口机设计方案 1

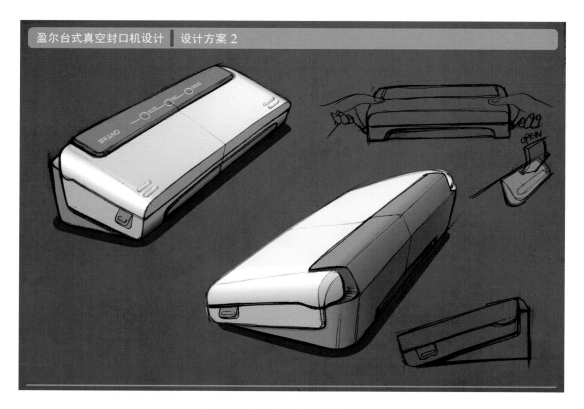

图 6-22　台式真空封口机设计方案 2

盈尔台式真空封口机设计 ▌设计方案 3

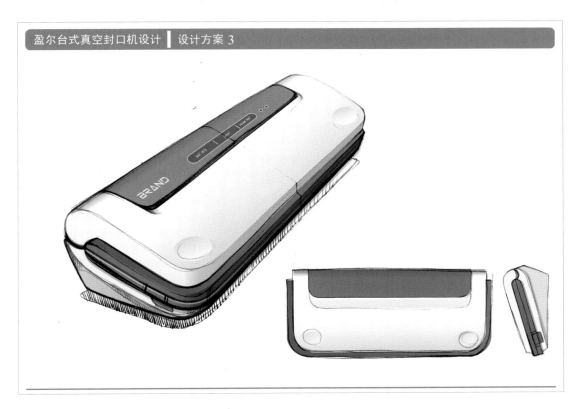

图 6-23 台式真空封口机设计方案 3

盈尔台式真空封口机设计 ▌设计方案 4

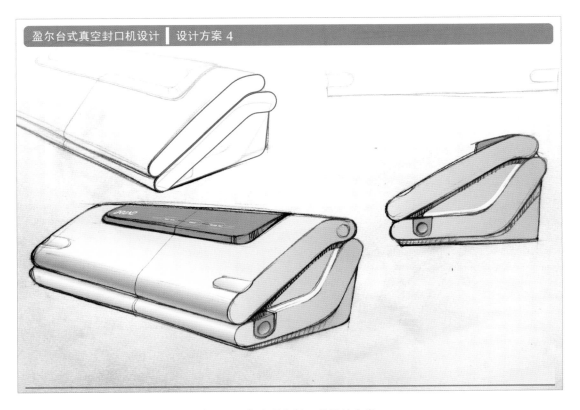

图 6-24 台式真空封口机设计方案 4

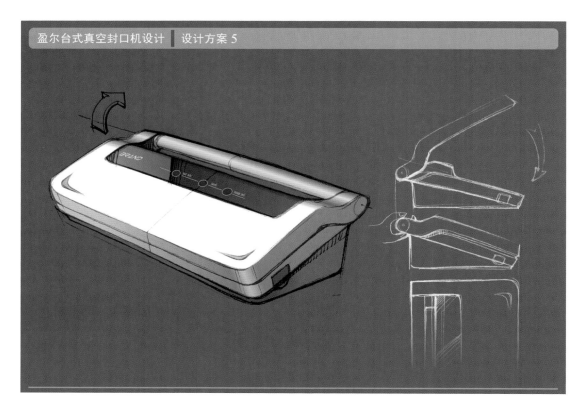

图 6-25　台式真空封口机设计方案 5

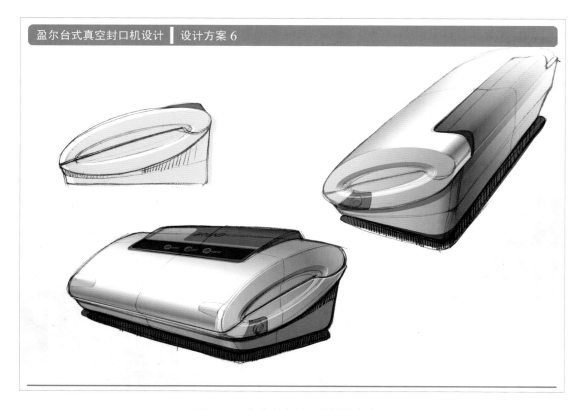

图 6-26　台式真空封口机设计方案 6

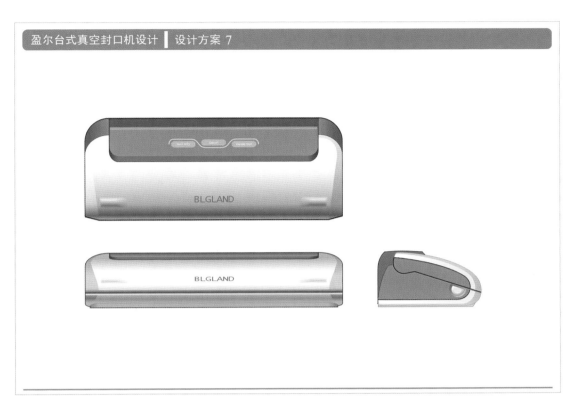

图 6-27　台式真空封口机设计方案 7

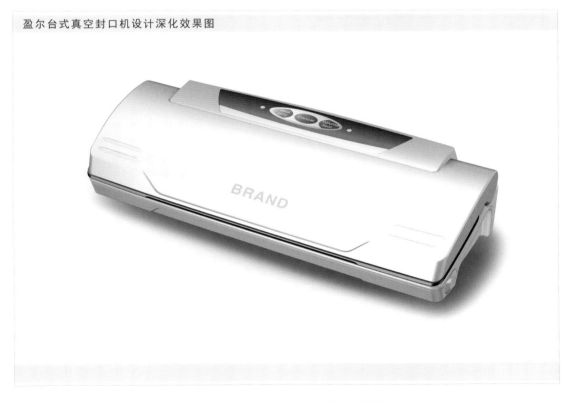

图 6-28　台式真空封口机设计深化效果图

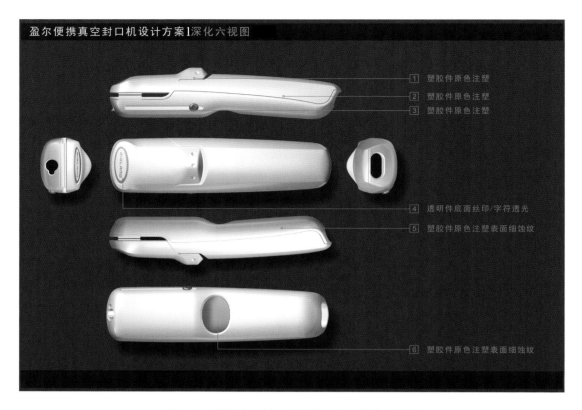

图 6-29 便携真空封口机设计方案 1 深化六视图

盈尔便携真空封口机设计方案1 深化效果图

图 6-30 便携真空封口机设计方案 1 深化效果图

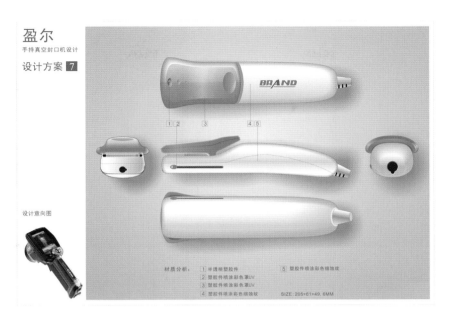

图 6-39　手持真空封口机设计方案 7 的材质分析

6.3
"数码相机"产品造型设计

"数码相机"产品造型设计如图 6-40～图 6-44 所示。

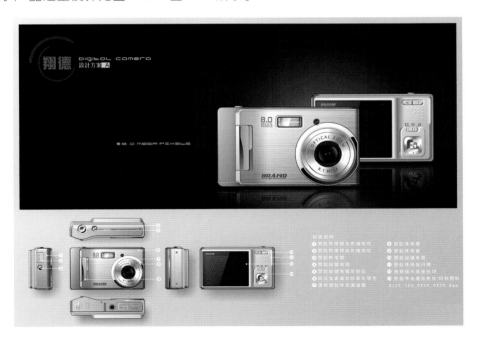

图 6-40　数码相机设计方案 1

图 6-41　数码相机设计方案 2

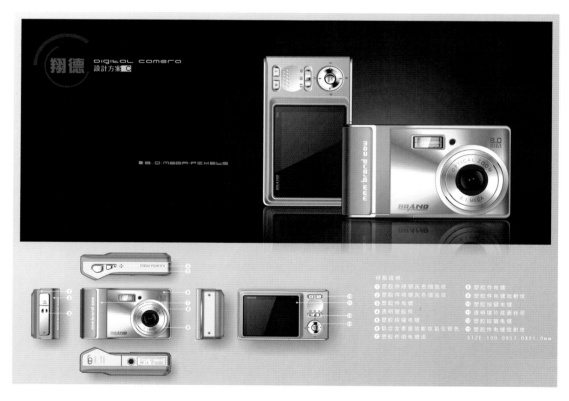

图 6-42　数码相机设计方案 3

图 6-43　数码相机设计方案 4

图 6-44　数码相机产品实物模型

6.4
"上网笔记本"产品造型设计

"上网笔记本"产品造型设计如图 6-45～图 6-64 所示。

图 6-45　上网笔记本外观设计 1

图 6-46　上网笔记本外观设计 2

图 6-47　上网笔记本外观设计 3

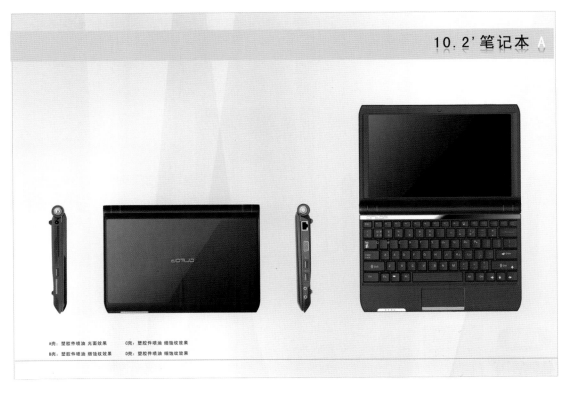

图 6-48　上网笔记本外观设计 4

图 6-49　上网笔记本外观设计 5

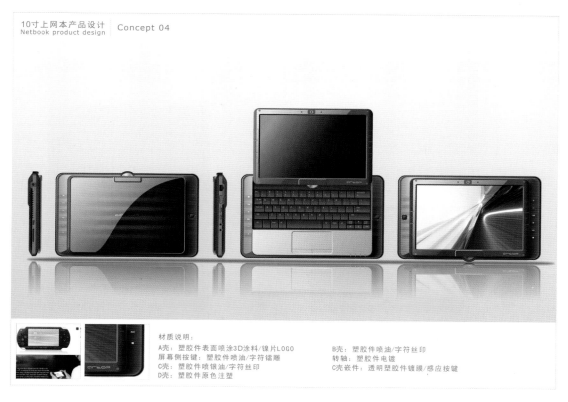

图 6-50　上网笔记本外观设计 6

图 6-51　上网笔记本外观设计 7

图 6-52　上网本创新设计方案 1

图 6-53　上网本创新设计方案 2

图 6-54　上网本创新设计方案 3

图 6-55　上网本创新设计方案 4

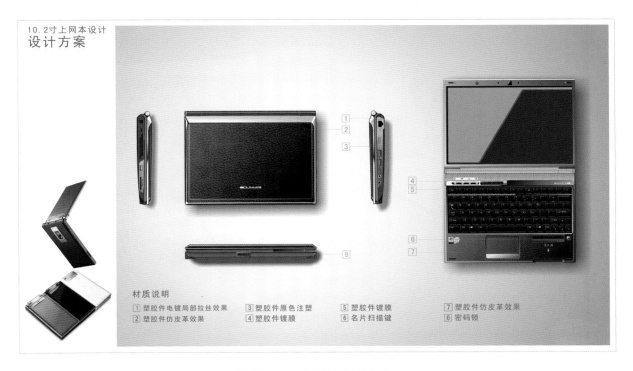

图 6-56　上网本创新设计方案 5

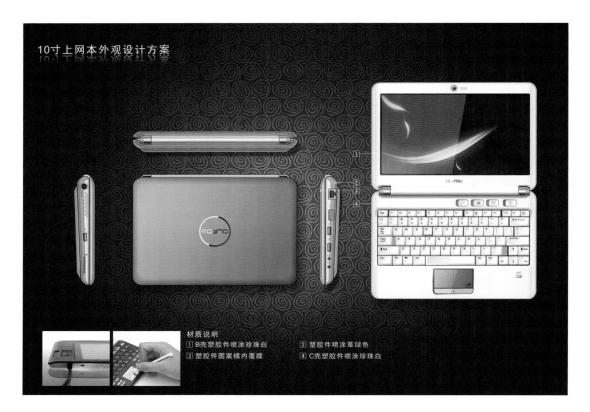

图 6-57　方案深化（商务用）

图 6-58　上网本创新设计方案 6

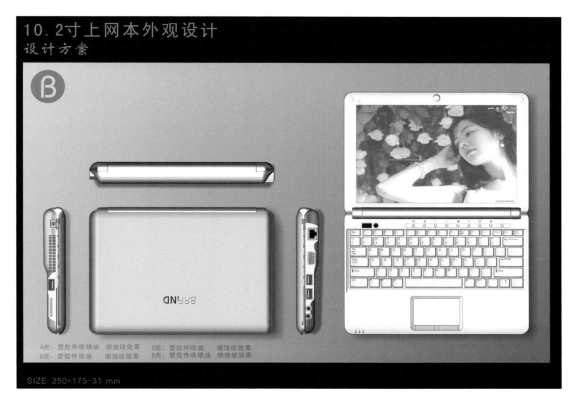

图 6-59　上网本创新设计方案 7

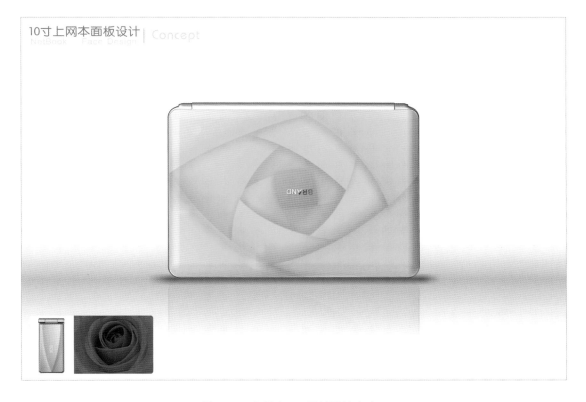

图 6-60　上网本 3D 面板设计方案 1

图 6-61　上网本 3D 面板设计方案 2

图 6-62　上网本 3D 面板设计方案 3

图 6-63　上网本 3D 面板设计方案 4

图 6-64　上网本 3D 面板设计方案 5

6.5
"无线网络摄像头"产品造型设计

"无线网络摄像头"产品造型设计如图 6-65～图 6-74 所示。

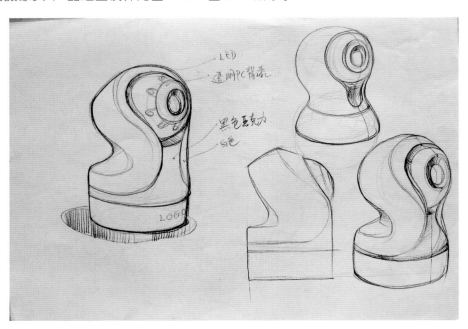

图 6-65　无线网络摄像头草图设计方案 1

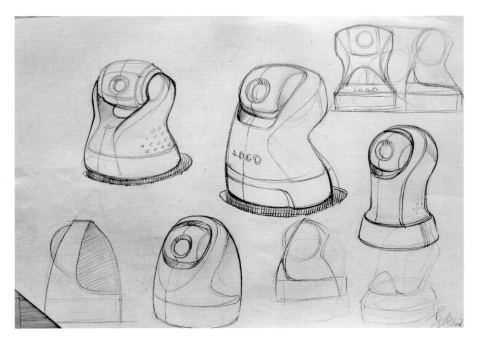

图 6-66　无线网络摄像头草图设计方案 2

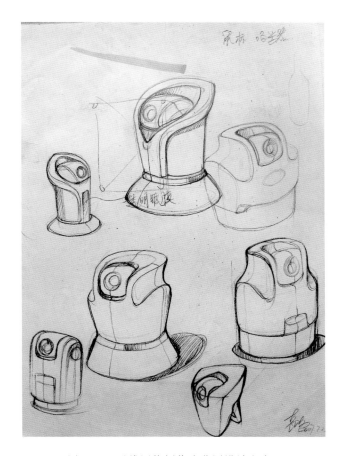

图 6-67　无线网络摄像头草图设计方案 3

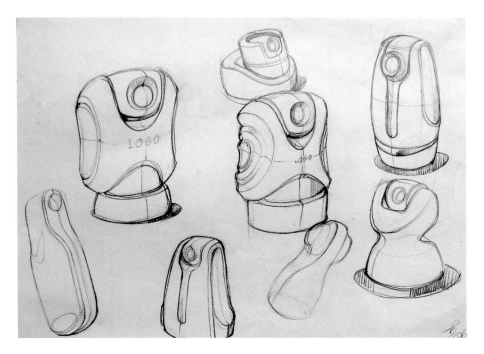

图 6-68　无线网络摄像头草图设计方案 4

图 6-69　IP camera 设计方案 1

图 6-70　IP camera 设计方案 2

图 6-71 IP camera 设计方案 3

图 6-72 IP camera 设计方案 4

图 6-73　IP camera 设计方案 5

图 6-74　IP camera 设计方案 6

6.6
"活动铅笔"产品造型设计

"活动铅笔"产品造型设计如图 6-75～图 6-88 所示。

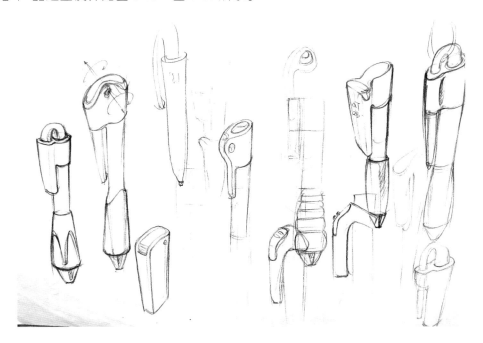

图 6-75　活动铅笔设计草图方案 1

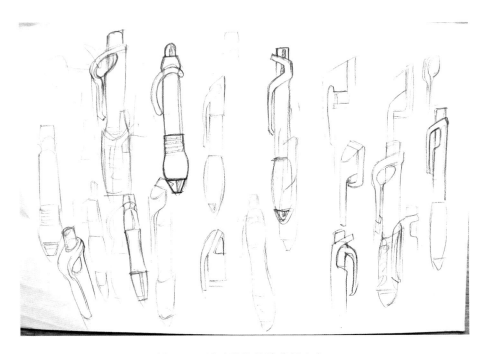

图 6-76　活动铅笔设计草图方案 2

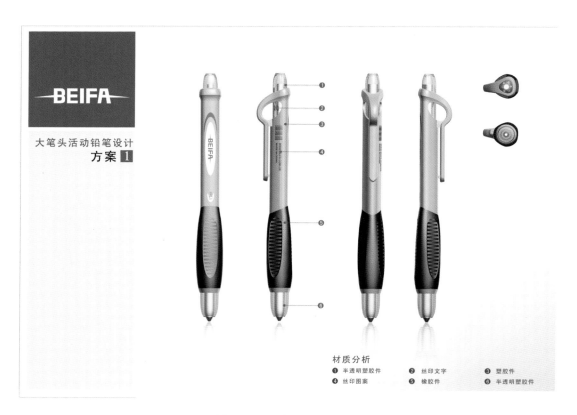

图 6-77　活动铅笔设计方案 1

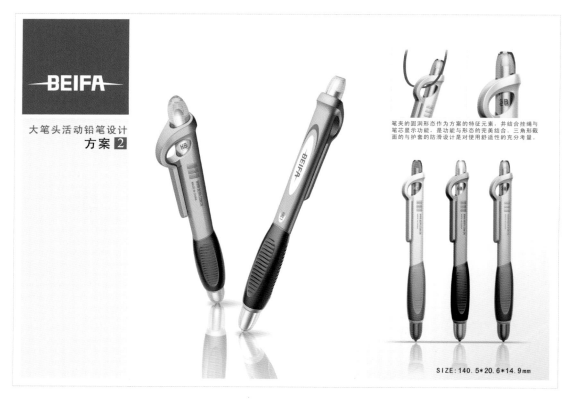

图 6-78　活动铅笔设计方案 2

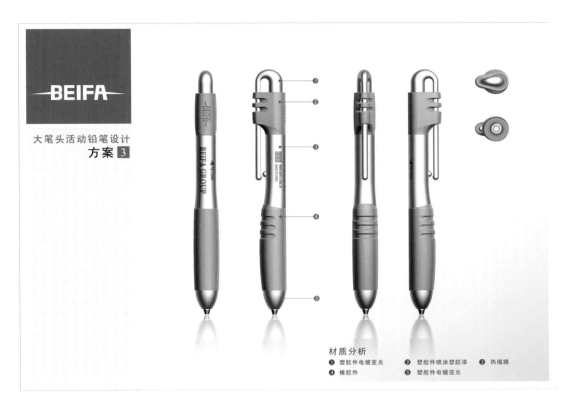

图 6-79   活动铅笔设计方案 3

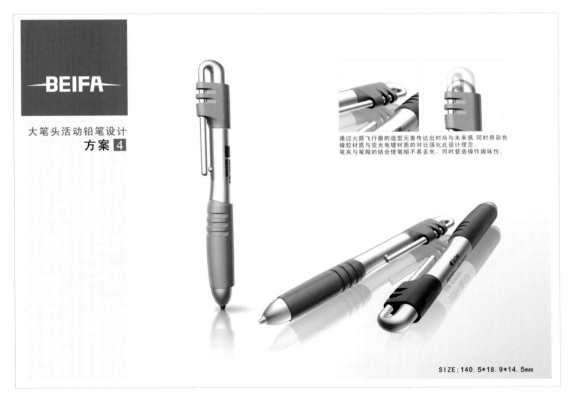

图 6-80   活动铅笔设计方案 4

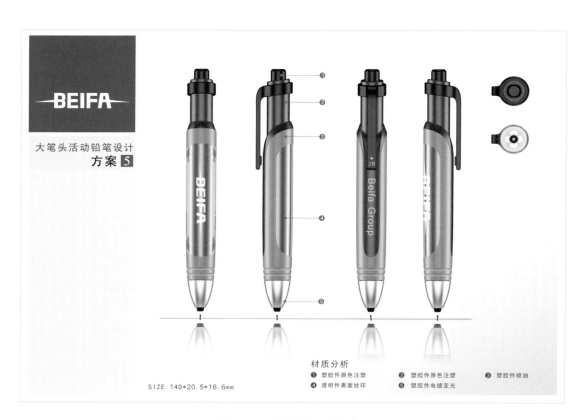

BEIFA

大笔头活动铅笔设计
方案 5

材质分析
① 塑胶件原色注塑　② 塑胶件原色注塑　③ 塑胶件喷油
④ 透明件表面丝印　⑤ 塑胶件电镀亚光

SIZE: 140*20.5*16.6mm

图 6-81　活动铅笔设计方案 5

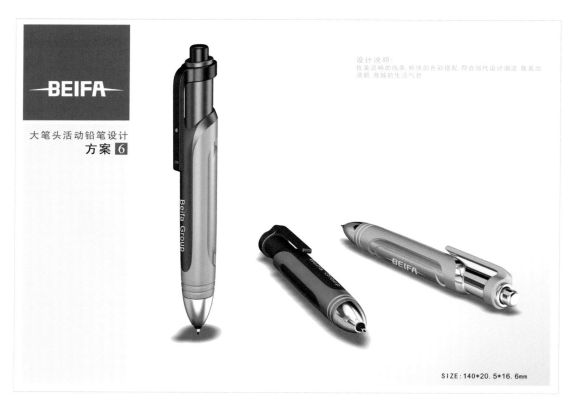

BEIFA

大笔头活动铅笔设计
方案 6

设计说明：
优美流畅的线条, 明快的色彩搭配, 符合当代设计潮流, 散发出
清新, 隽越的生活气息

SIZE: 140*20.5*16.6mm

图 6-82　活动铅笔设计方案 6

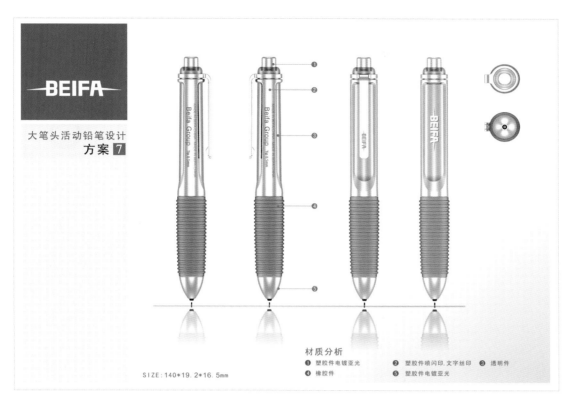

材质分析
❶ 塑胶件电镀亚光　　　❷ 塑胶件喷闪印.文字丝印　　❸ 透明件
❹ 橡胶件　　　　　　　❺ 塑胶件电镀亚光

SIZE：140*19.2*16.5mm

图 6-83　活动铅笔设计方案 7

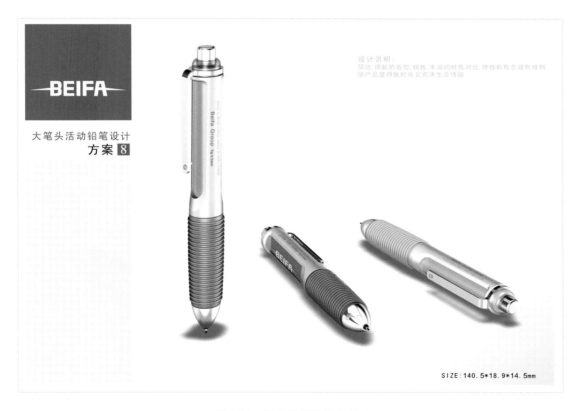

设计说明：
简洁.细腻的造型.精致.丰富的材质对比.理性的形态规则排列
使产品显得既时尚又充满生活情趣

SIZE：140.5*18.9*14.5mm

图 6-84　活动铅笔设计方案 8

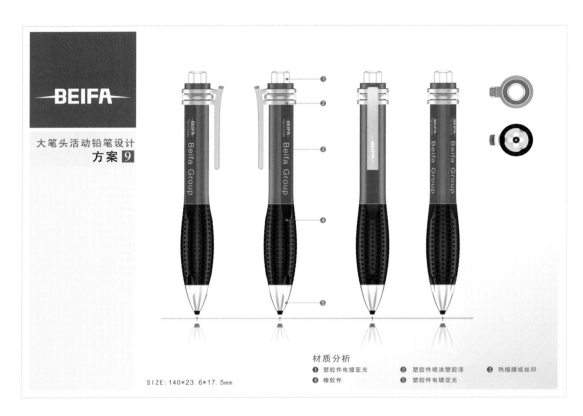

BEIFA

大笔头活动铅笔设计
方案 9

材质分析
❶ 塑胶件电镀亚光　❷ 塑胶件喷涂塑胶漆　❸ 热缩膜或丝印
❹ 橡胶件　❺ 塑胶件电镀亚光

SIZE：140*23.6*17.5mm

图 6-85　活动铅笔设计方案 9

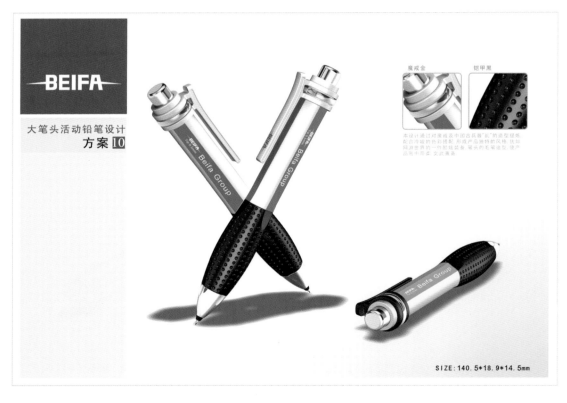

BEIFA

大笔头活动铅笔设计
方案 10

魔戒金　铠甲黑

本设计通过对魔戒及中国古兵器"戟"的造型提炼，配合冷峻的色彩搭配，形成产品独特的风格。犹如闯荡世界的一节配筋装备，笔头的毛笔造型，使产品别中别俗：文武兼备。

SIZE：140.5*18.9*14.5mm

图 6-86　活动铅笔设计方案 10

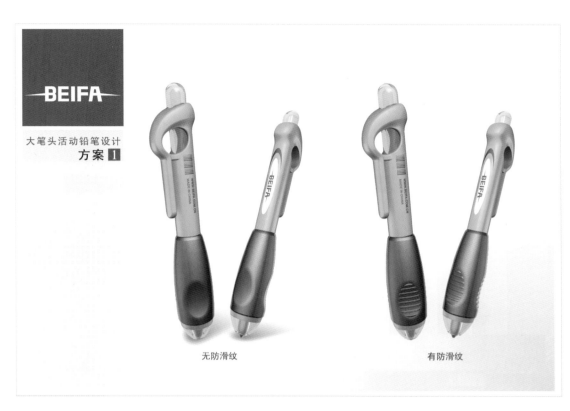

图 6-87　活动铅笔设计方案深化 1

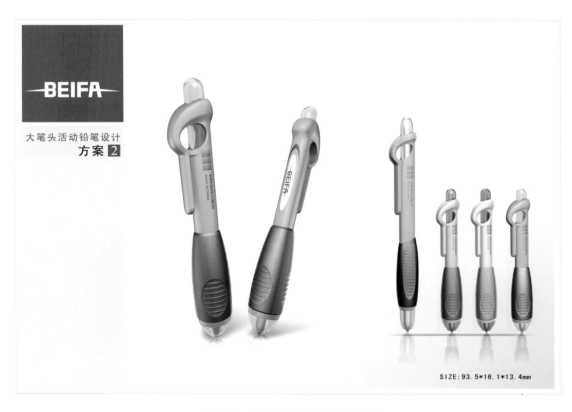

图 6-88　活动铅笔设计方案深化 2

6.7
"玩具 DV" 30C6 产品造型设计

"玩具 DV"30C6 产品造型设计如图 6-89～图 6-95 所示。

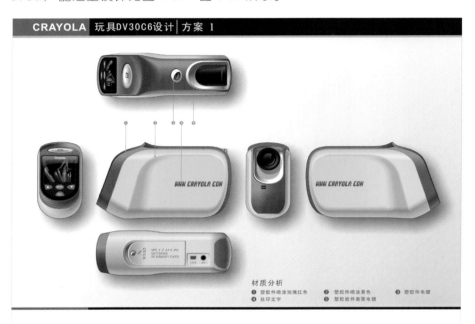

图 6-89　玩具 DV 设计方案 1

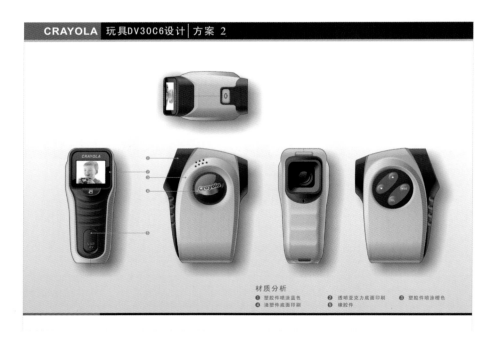

图 6-90　玩具 DV 设计方案 2

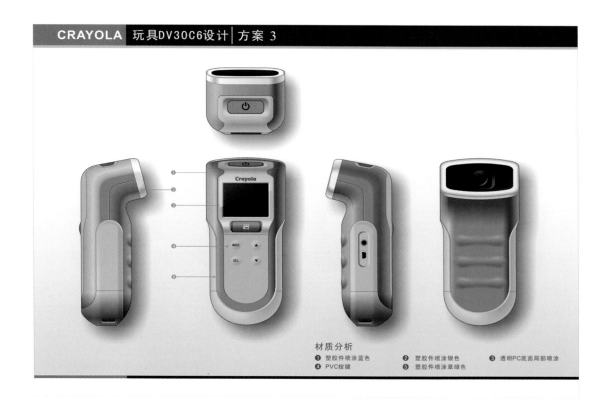

图 6-91　玩具 DV 设计方案 3

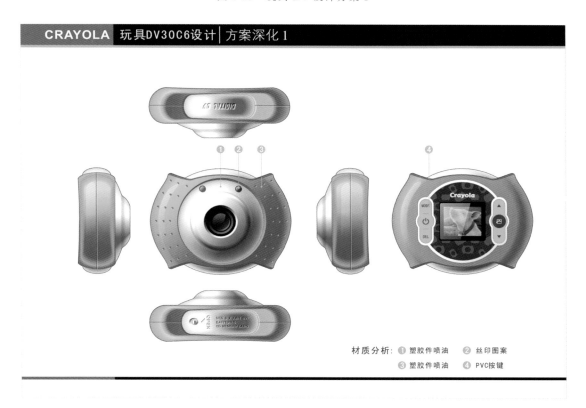

图 6-92　玩具 DV 设计方案深化 1

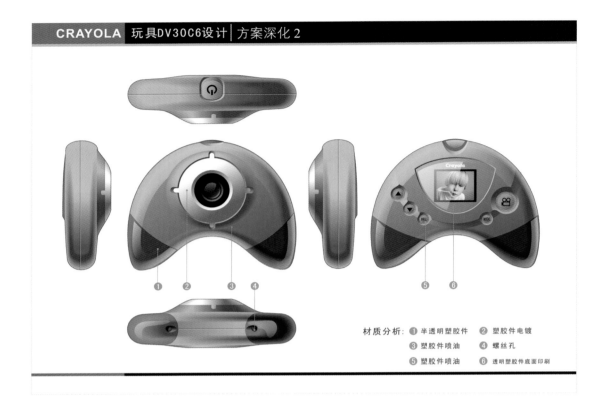

图 6-93　玩具 DV 设计方案深化 2

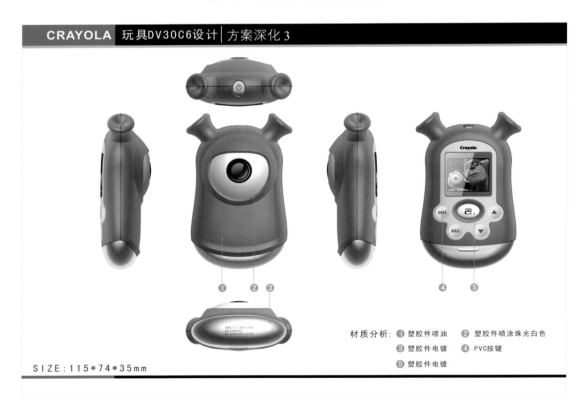

图 6-94　玩具 DV 设计方案深化 3

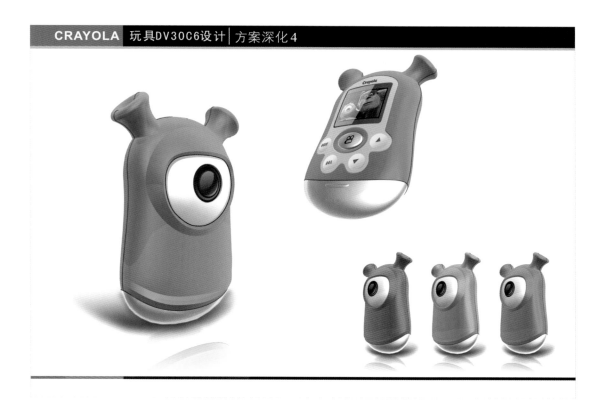

图 6-95　玩具 DV 设计方案深化 4